趣讲

三万年的数学：从鸡兔同笼到概率

科学史

海上云 著

天 地 出 版 社 | TIANDI PRESS

图书在版编目（CIP）数据

三万年的数学. 从鸡兔同笼到概率 / 海上云著. —
成都: 天地出版社，2024.1
（趣讲科学史）
ISBN 978-7-5455-7931-4

Ⅰ. ①三… Ⅱ. ①海… Ⅲ. ①数学史—世界—青少年
读物 Ⅳ. ①O11-49

中国国家版本馆CIP数据核字（2023）第159934号

SANWAN NIAN DE SHUXUE:CONG JITUTONGLONG DAO GAILV

三万年的数学：从鸡兔同笼到概率

出 品 人　杨　政
总 策 划　陈　德
作　　者　海上云
策划编辑　王　倩
责任编辑　刘桐卓
特约编辑　刘　路
美术编辑　周才琳
营销编辑　魏　武
责任校对　梁续红
责任印制　刘　元　葛红梅

出版发行　天地出版社
（成都市锦江区三色路238号　邮政编码：610023）
（北京市方庄芳群园3区3号　邮政编码：100078）
网　　址　http://www.tiandiph.com
电子邮箱　tianditg@163.com
经　　销　新华文轩出版传媒股份有限公司

印　　刷　北京博海升彩色印刷有限公司
版　　次　2024年1月第1版
印　　次　2024年1月第1次印刷
开　　本　889mm×1194mm　1/16
印　　张　7.25
字　　数　120千字
定　　价　30.00元
书　　号　ISBN 978-7-5455-7931-4

咨询电话：（028）86361282（总编室）
购书热线：（010）67693207（营销中心）

目录

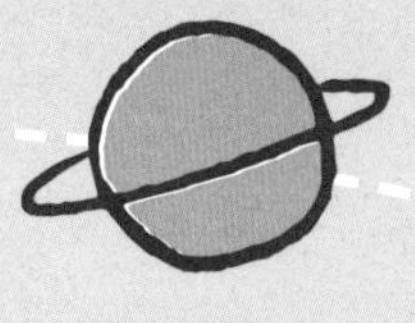

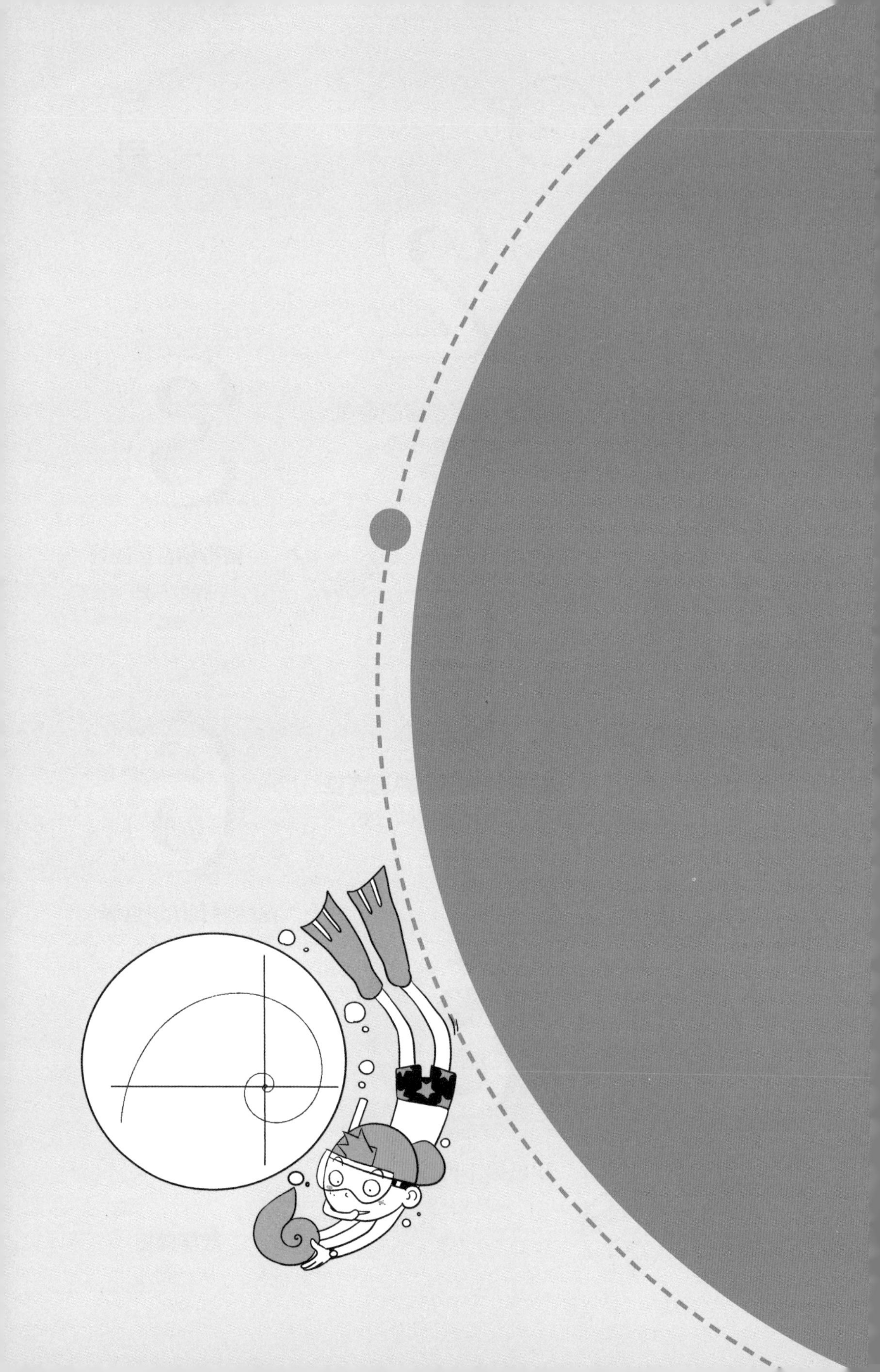

第1讲

听话的鸡和兔

—— 看懂代数

把鸡和兔养一起出现的问题

在中国的南北朝时期，有一本数学书——《孙子算经》，里面基本是当时的世界难题、如今的小学奥数入门题。

其中有一个有趣的问题，叫鸡兔同笼：今有雉兔同笼，上有 35 头，下有 94 足，问雉兔各几何？

这段话的意思是：不知是谁，把不知道多少只鸡和兔子关在一个笼子里，从上面数有 35 个头（假设鸡和兔都昂首挺胸、没有缩

▼鸡兔同笼问题

头缩脑），从下面数有94只脚（假设没有金鸡独立、兔子抬腿直立）。问笼中各有多少只鸡和兔子？

这类数学问题，用简单的算术、毕达哥拉斯的计算方法或者欧几里得的几何，都是没有办法解决的。

后来玩脑筋急转弯的人，有一种比较搞笑的解法：

这些鸡和兔子经过长期的训练，可以按照你吹的哨子听口令。你一吹哨子，兔子抬起2只前脚，靠2只后脚直立在地上。鸡们举起双爪，结果都是一屁股坐到地上（爪子举在空中，不在地上）。

这时候地上还剩下几只脚呢？因为94 - 35×2=24。

为什么减去35×2呢？因为如果没有双头兔、三头鸡的话，35就是所有鸡和兔的数目。鸡们和兔们都是双脚举起，所以，举起的鸡爪和兔腿加起来的数目，是35×2。

好了，剩下的24只脚，肯定都是兔子们的后腿了。每只兔子有两条后腿，所以，兔子是24÷2=12只。

把兔子的12个脑袋拎出来，剩下的脑袋，35-12=23就是鸡头了。

大家不要小看这个“听话的鸡兔”的解法，这里面包含了一种崭新的数学方法——代数的核心思想。

丢番图丢出的问题

代数这种数学方法的发明人有三位。

第一位叫丢番图（Diophantus），是古希腊的重要学者和数学家，他大约生活在246—330年。他专注于算术的研究，完全脱离了几何形式，在希腊数学界中独树一帜。

对于丢番图的生平事迹，人们知道得很少，只能从《希腊诗文选》中得知他的一些逸事。《希腊诗文选》中有丢番图的46首与代数有关的短诗，每一首诗就是一道代数题。

了不起的墓志铭

关于丢番图，最有名的是他特立独行的墓志铭。一般的墓志铭无非是些生活年代和概括一生的话，而丢番图的墓志铭却标新立异——他用经典的代数方法写了自己的墓志铭。

▲丢番图

“坟中安葬着的是丢番图，多么令人惊讶，他忠实地记录了所经历的道路；上帝给予的童年占$\frac{1}{6}$；又过了$\frac{1}{12}$，两颊开始长胡子；再过$\frac{1}{7}$，点燃起结婚的蜡烛；5年之后天赐贵子；可怜迟到的孩子，享年仅及其父之半，便进入冰冷的墓；悲伤只有用数论的研究去弥补；又过了 4 年，他也走完了人生的旅途，终于告别数学，离开了人世。”

丢番图到底活了多少岁呢？让我们来解答一下。

我们不知道设丢番图的寿命为多少，就记为“老丢的寿命”，根据他的墓志铭，$\frac{老丢的寿命}{6}+\frac{老丢的寿命}{12}+\frac{老丢的寿命}{7}+5+\frac{老丢的寿命}{2}+4=老丢的寿命$。然后通过计算，得出“老丢的寿命”=84。

丢番图活了 84 岁。

后人为了纪念丢番图，把系数是整数、解也是整数的方程，称作“丢番图方程”。

400 多年之后，又一位代数学界的著名人物出现了。

开创代数的花剌子米

公元 783 年左右，中亚地区有一个国家叫花剌子模，在此诞生了日后在数学史上“名垂青史”的人物。这里的“名垂青史”加了引号，是因为他虽然贡献卓著，但是，真正的名字却不为人所知，大家只记得他的外号“花剌子米”（al—Khwārizmi，约 780 —约 850 年），意思是“老家是花剌子模的人”。

他早年在家乡接受初等教育，后来到阿富汗、印度等地游学，很快成为这些地区远近闻名的学者。

智慧宫里的数学家

花剌子米生活的时代，阿拉伯正在不断对外扩张，版图横跨欧、亚、非三个大洲。中国的史书上把它叫作“大食国”。大食国吸收外国的文化，把古希腊、波斯和古印度的科学著作与秘籍都翻译成阿拉伯文。所以，阿拉伯的科学家有很多可以研究的资料。约 830 年，阿拉伯国王在巴格达创办了著名的“智慧宫”，花剌子米是该馆的长老。

我们之前讲到阿拉伯数字的时候，提到过印度发明的数字符号，在阿拉伯地区经过改进，然后流传到了欧洲。这个改进，就是由花剌子米做的。

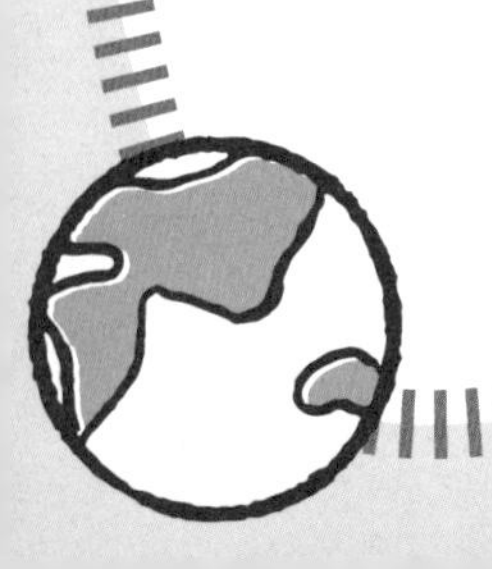

花刺子米的思路

在公元 820 年左右，他写成了《还原和对消计算概要》这一传世之作。书名比较专业化和拗口，我们来分析一下。

他的基本思路，是用方程等式来描述数学问题。

比如，对于“鸡兔同笼”问题，我们可以用两个方程等式来表达：

鸡 + 兔 =35 （这是根据头来算的）

2×鸡 + 4×兔 =94 （这是根据脚来算的）

▲ 花刺子米

我们吹哨子让鸡们兔们抬起两只脚，实际上是让第二个等式，减去第一个等式的 2 倍。

这个是“花长老”书中说的“对消”，消去方程两端相同的项。

而“还原”，是说解方程时把一个正的项，从等式的一边，移位到另一边，变成负的项。鸡 + 兔 =35，移项就变成了“鸡 =35- 兔”。

移项加上还原，音译成拉丁文和英文， 就是 algebra（代数）。

这些对消和移项的概念，在今天看来是比较直观和简单的，但是，对于当时的人们，是非常抽象的，也是从未有过的。

“花长老”在这本书里，明确提出了已知数、未知数、根、移项、合并同类项等一系列概念，并有 800 多道例题和解答计算方法。“花长老”由此发展出了一门与几何学相提并论的独立学科。

当然，这本书中的方程只有一个未知数，是一元二次方程，和“鸡兔同笼”这个二元一次方程组（两个未知数）是不同的，不过，在建立方程、对消、移项等方面，原理是一样的。

未知数出现了

▲法国数学家韦达

在“花长老”以后的几个世纪中，Algebra 发展缓慢。1591 年，法国数学家韦达用字母表示未知数，“鸡兔同笼”问题里的“鸡”和“兔”，就用 x 和 y 来表示了。从此，代数这门学科快速发展起来，**人们用字母表示未知数，用字母来计算，利用对消和移项进行运算操作，最后求解方程。**我们初中数学里学到的韦达公式，就是代数学的第三位发明人韦达发明的。

Algebra 传入中国，最初音译为“阿尔热巴拉”。“代数”这个名称最早出现是在 1859 年，那个时候中国还是清朝，中国数学家李善兰和一个英国数学家一起，翻译了一本英国的代数学方面的书，当时就定名为《代数学》。所谓代数，就是用符号来代表数字的一种方法。这个专业术语起名起得好，大家一听就明白了。顺便一提，系数、根、方程式、函数、微分、积分等，这些名词也是李善兰创造出来的。李善兰是和徐光启同样伟大的近代科学家。当初徐光启只翻译了《几何原本》的前 6 卷，后面 9 卷是李善兰翻译的。

花刺子米被人们尊为“代数学之父”。在数学中，algorithm（算法）一词，就是从“花刺子米”这个名字变化而来的。

方程的“古早”解法

下面我们用现代的符号，来看看“花长老”原著里的一个实际代数问题：怎么求解一元二次方程“$x^2+10x=39$”？

这种方法在初中课本上基本不会介绍。但是，它却是当年“花长老”领悟到的神功，带着几何解法的痕迹。

“花长老”先用 x 为边长，画一个正方形，正方形的面积是多少呢？就是 x^2。

然后在正方形的四边画 4 个长方形，一边长 x，另一边长 $\frac{5}{2}$。4 个长方形的面积就是 $10x$。

第三步，把 4 个边角上的小正方形补上，小正方形的边长都是 $\frac{5}{2}$，面积是 $\frac{25}{4}$。4 个小正方形的面积就是 25。

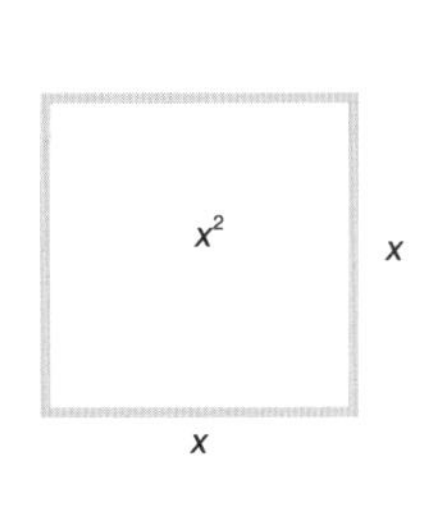

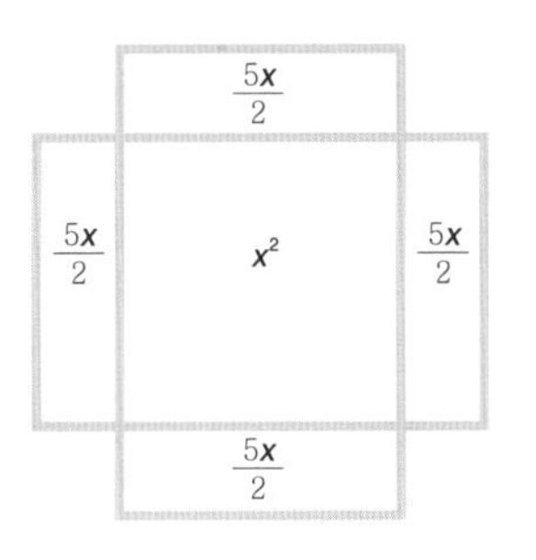

$\frac{25}{4}$　$\frac{25}{4}$

39

$\frac{25}{4}$　$\frac{25}{4}$

（注：图形未按比例画）

花剌子米求解方程 $x^2+10x=39$ 的方法：

先将 x^2 图形化：画一个边长是 x 的正方形，面积是 x^2。

再将 $10x$ 图形化：在正方形四边镶上 4 个窄长条，一边长 x，另一边长 $\frac{5}{2}$。这 4 个窄长条的总面积是 $10x$。

按照方程，正方形加上四个窄长条的面积总和是 39。它是一个四瓣花的图形，4 个角就是“花长老”的“留白”。

接下来把 4 个留白补上。这 4 个留白的每一块都是一个小正方形，边长是 $\frac{5}{2}$，面积就是 $\frac{25}{4}$。那么，4 个留白的总面积是 25。

接下来看，中间的正方形，加上 4 个窄长条，加上 4 个留白，总共是 39+25=64。

而总共加起来的图形，是一个大正方形，边长是 $x+5$，它的面积 $(x+5)^2=64$。

因为 8 的平方等于 64，$x+5=8$，所以，$x=3$。

这样，我们用正方形、4 个长方形和 4 个小正方形，构成了一个大的正方形。这个大正方形的面积是多少呢？ 39 加上 25，等于 64。那么，这个大正方形的边长就是 8。

而从另一方面来看，大正方形的边长是正方形边长加上 2 个小正方形边长，就是 $x+5$。$x+5=8$，所以 $x=3$。

我们现在学习代数的时候，一开始就直奔 x 和等式而去，看到的是和几何完全不同的一门功夫。实际上，当代数这门功夫被创立的时候，花剌子米是用了上千年的老牌功夫——几何来推导和印证的。

几何和代数的聚散离合

今天，我们重温花剌子米的原著，循着他演练的轨迹，会对代数有更深一层的理解。代数和几何在后来的 800 年间各自独立发展，几何独自演变着它的形状，代数追寻着自己的方程和根，直到 17 世纪法国数学家笛卡儿发明解析几何，才让它们重归于统一。但是，这种学科的分离，其实是人为造成的。同样分离的现象，在现代科学中屡见不鲜。现代科学和学科分工越来越细，这样的状况，有利有弊。虽然可以让研究者能够集中精力，突破一点，但是，眼界和广度却越来越窄，最终对科学的发展是不利的。这也是我们越来越重视交叉学科、跨学科和跨界人才的原因所在。

1. 求下面这个丢番图方程的整数解。

$$\frac{1}{x}+\frac{1}{y}=\frac{1}{4}$$

2. 用花剌子米的几何图示方法，求方程 $x^2+2x=8$ 的解。

科学也诗意

代数的解法

把未知的你，

换成只有我知道的ID，

把所有的关联，

放进注定的方程式，

在白纸的山河上坦诚相遇。

该移位时移位，

该舍弃时舍弃。

当世间的繁杂都被约简，

只剩下心中的本意。

两双手，未知的和已知的，

越过等式，越过千山万水，

终于紧扣在一起。

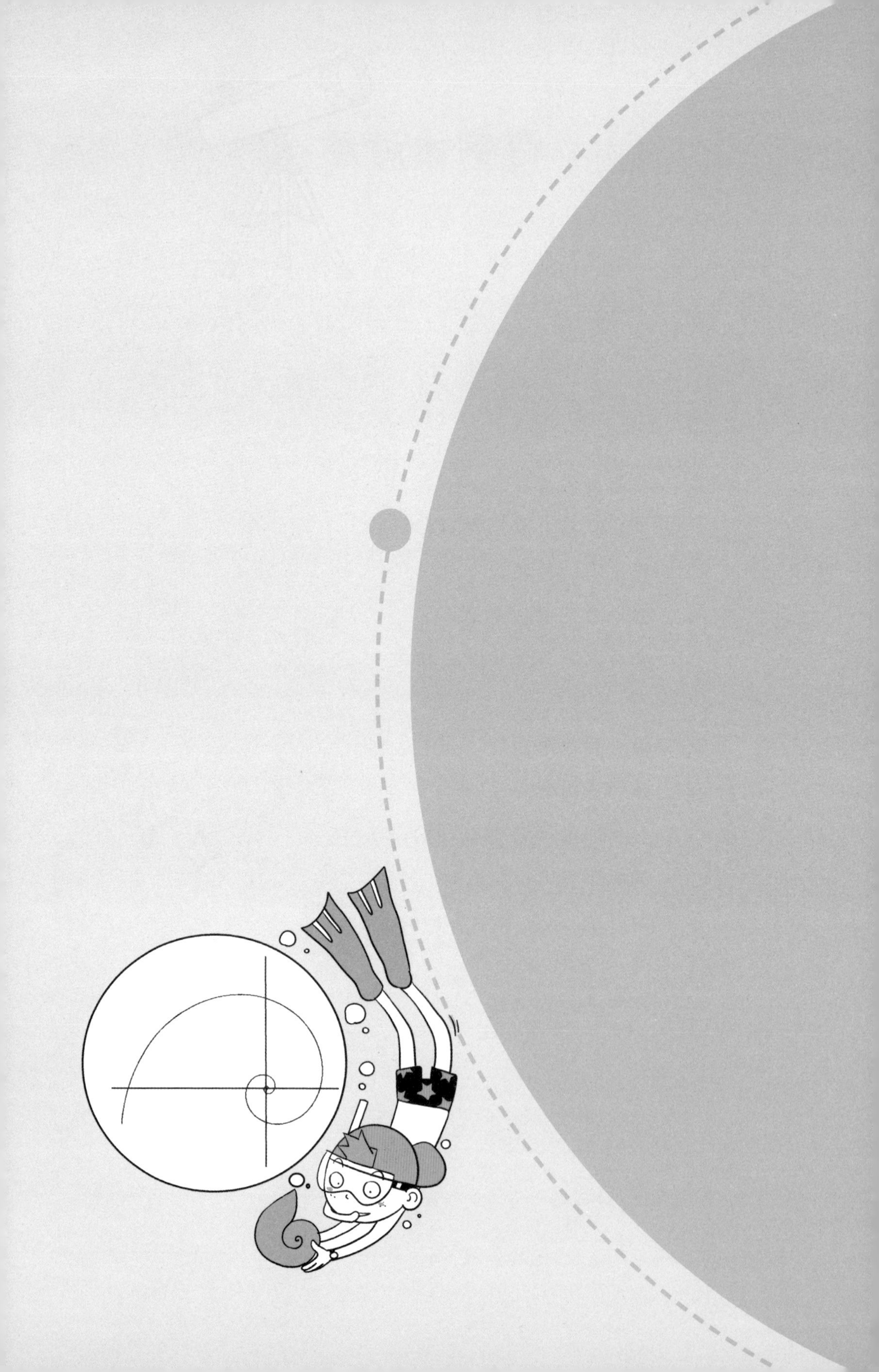

第2讲

延长天文学家的寿命

——对数的由来

天文学家的运算负担

在十五六世纪，哥白尼、开普勒和伽利略等一大批伟大的天文学家，把研究的目光投向了星空，使得天文学得到了很快的发展。天文学家为了计算星球的轨道、研究星球之间的位置关系，需要对很多的数据进行加、减、乘、除、乘方和开方运算。而天体之间的距离涉及的数字是非常大的。你尝试一下不用计算器，用手工来做一个 8 位数的平方运算，看看需要多长时间。

为了得到一个结果，天文学家常常需要运算几个月的时间。繁难的计算让天文学家非常苦恼，能不能找到一种简便的计算方法呢？如果乘法除法和加法减法一样简单就好了！

这有可能吗？

化乘法为加法

这时候，一位天才数学家出现了，他就是苏格兰的纳皮尔男爵(1550—1617 年)。纳皮尔是苏格兰的一位大地主，其家族传到他已经是第八代了。当时西班牙想入侵苏格兰，纳皮尔研究各种战斗武器保家卫国，成为苏格兰的英雄。就是这样一位本来是“仗剑行走天下”的豪杰，居然以数学家的身份名垂青史。

闲话少说，我们来看下面的两个数列。

1，10^1，10^2，10^3，10^4，10^5，10^6，10^7……

这是一个等比数列，就是说每两个相邻数的比值是相同的。

0，1，2，3，4，5，6，7……

这是一个等差数列，每两个相邻数的差值是相同的。

等比数列之间和等差数列之间的规律，启发了纳皮尔。

他发现了它们之间有某种对应关系。

$10^3 \times 10^4$

$=10^{(3+4)}$

$=10^7$

等比数列里的第四项、第五项相乘，等于 10^7，就是第八项。

等差数列里的第四项、第五项相加，3+4=7，就是第八项。

▲纳皮尔

也就是说，把两项相乘，相当于把下面对应两项相加！我们似乎看到了乘法转换成加法的曙光。

他把前一个数列中的比率 10，称为“底数”，后一个数列里的数称为对数，原意为“比率的数”（logarithm）。

log 对数是将指数反过来的运算

指数运算	对数运算
$10^0=1$	$\log_{10}1=0$
$10^1=10$	$\log_{10}10=1$
$10^2=100$	$\log_{10}100=2$

▲指数和对数

这里把对数运算和指数运算放在一起，是为了便于大家理解。实际上，两者的反向运算关系要等 100 多年后，才被大数学家欧拉发现。

我们把"$\log_{10}1000=3$"称为"以 10 为底数 1000 的对数是 3"，两个数之间的乘除关系，在对数这里，变成了加减关系。

你可以说这个例子太简单，正好都是 10 的整数次方。如果是 375 这样的数，不是 10 的整数次方，又该怎么办呢？慢慢算呗。

这就是纳皮尔花 20 多年干的事。他用了 20 多年时间研究，进行了数百万次的计算，在 1614 年，出版了《奇妙的对数定理说明书》这本著作，并得到了对数表。

根据纳皮尔的对数表，实际运算时只要查查表，再做加法，就能完成复杂的乘法运算了。

下面我们举例来说明。纳皮尔用的对数比较复杂，底数在 2 和 3 之间。我们用 10 为底的对数，更容易说明问题。

比如，要算

$1.23456789\times2.3456789$

查对数表，

$\log_{10}1.23456789\approx0.09151$

$\log_{10}2.3456789\approx0.37027$

然后，做加法，

$\log_{10}(1.23456789\times2.3456789)$

$=\log_{10}1.23456789+\log_{10}2.3456789$

$\approx0.09151+0.37027$

$=0.46178$

再查对数表，看看什么数的对数值是 0.46178。2.8959 的对数是 0.46178，就是说，

$\log_{10}2.8959 \approx 0.46178$

最后结果出来了，

$1.23456789 \times 2.3456789 \approx 2.8959$

指数运算	对数运算
$x^a \cdot x^b = x^{a+b}$	$\log_x(ab) = \log_x a + \log_x b$
$\frac{x^a}{x^b} = x^{a-b}$	$\log_x(\frac{a}{b}) = \log_x a - \log_x b$
$(x^a)^b = x^{ab}$	$\log_x(a^b) = b \cdot \log_x a$
$x^{-a} = \frac{1}{x^a}$	$\log_x(\frac{1}{x^a}) = -a$
$x^0 = 1$	$\log_x 1 = 0$

你看，这个过程中，只需要查三次对数表，做一次加法，就能得到乘法结果。虽然是近似值，但是计算十分轻松简便，而且，只要对数表很精确，最终结果也可以非常精确。

对数发明的发表，惊动了伦敦的一位数学家布里格斯，他到苏格兰去拜访纳皮尔。布里格斯建议将对数改良一下，用 10 作底数，更便于计算。布里格斯以毕生的精力，继续纳皮尔未完成的事业，于 1624 年出版《对数算术》，得到了 1 ~ 20000 以及 90000 ~ 100000 的新对数表。而 20000 ~ 90000 的空隙，在 1628 年由佛拉哥补足。

钟表匠的数学发明

对数的发明人，其实还有一位。瑞士有一个钟表匠叫比尔吉，他不仅精通钟表修理，还会修理天文仪器。他和天文学家开普勒是好朋友。他发现开普勒每天与天文数字打交道，数字很大，计算量非常繁重。于是，比尔吉产生了简化计算的想法。他用了 8 年时间编出了世界上最早的对数表，但比尔吉是一个低调的钟表匠，不愿意发表论文。直到 1620 年，在开普勒再三恳求下论文才发表出来，这时候纳皮尔的对数已闻名全欧洲了。幸好有开普勒这样的大人物做人证，不然数学史上肯定没有这位钟表匠的名字了。

在计算机出现以前，对数是十分重要的简便计算方法，曾得到广泛的应用。对数计算尺几乎成了工程技术人员、科研工作者离不了的计算工具。直到 20 世纪人类发明计算机后，对数才被计算机取代。

而且，经过几代数学家的研究，对数的意义不再仅仅是一种计算技术，它与许多科学领域有着千丝万缕的联系。

对数除把乘除运算转化成加减法之外，还有一个强大的功能：把一个变化范围很大的变量，缩小到一个相对窄的范围内。

生活中的对数

比如，把 1 ~ 1000000，变成 0 ~ 6。如果从声音压力来说，抽水马桶的冲水声，是你呼吸声的 1000 倍，但是，我们用对数来表示成分贝数，它们之间只是 60 分贝的差别。鞭炮声的振动幅度，是抽水马桶声的 1000 倍，它们也相差 60 分贝。

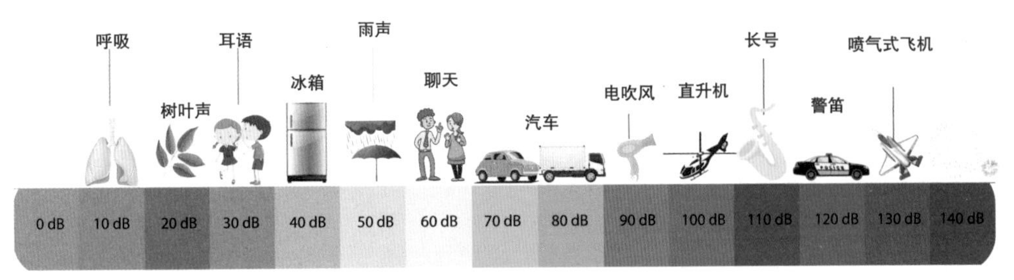

▲ 声音分贝是声音振动能量的对数函数

而我们的耳朵，可以将呼吸声、鞭炮声都听得清清楚楚，它们之间差了 6 个数量级，100 万的差别。用对数表示，就是 120 分贝的差别。从 100 万，到 120，这好比把一座须弥山放进了芥菜籽。这同时也说明，我们耳朵的生理结构中，对于声音的压力，本来就有这种对数处理能力。

我们对地震的定级，也是用了对数。对于里氏 2 级地震，我们有轻微震感，它相当于 600 千克炸药释放的能量。而里氏 6 级地震，会在震中心造成极大破坏，相当于 6000 万千克的炸药。这里面，炸药差了 10 万倍！

对数的发明，是数学史上的重大事件。18 世纪法国大数学家、天文学家拉普拉斯是这样评价纳皮尔的："对数的发明，因其节省劳力而延长了天文学家的寿命。"

伟大的物理学家伽利略更是豪言壮语，说："给我空间、时间和对数，我就可以创造一个宇宙。"这和他的前辈阿基米德"撬起地球"不相上下。

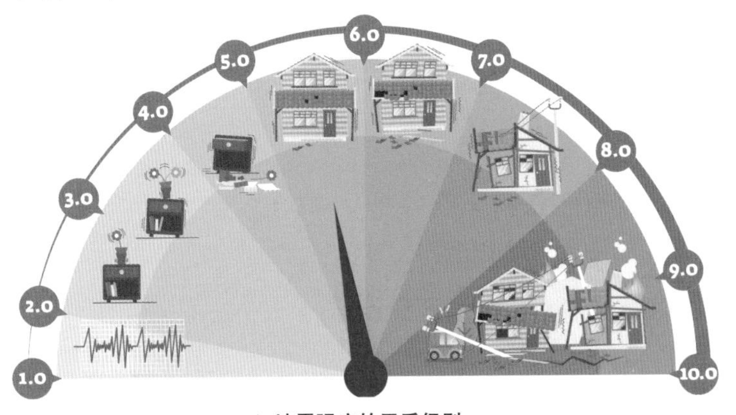

▲ 地震强度的里氏级别

试着想象一下20年之间，每天都在重复做同类型的烦琐计算，这种枯燥乏味的日子绝不是一般人能忍受的，但是，纳皮尔熬过来了。一个男爵、“富八代”，能坚持下来一定对数学是真爱了。他用自己重复繁杂的工作，换来了全世界科学家几百年的轻松简便。既可以仗剑行走天下，也能执笔独守书斋，纳皮尔真豪杰也！

	pH		
盐酸	0	10^{0}	1
胃酸	1	10^{-1}	0.1
柠檬汁	2	10^{-2}	0.01
可乐	3	10^{-3}	0.001
[illegible]	[illegible]	10^{-4}	0.0001
黑咖啡	5	10^{-5}	0.00001
唾液	6	10^{-6}	0.000001
蒸馏水	7	10^{-7}	0.0000001
海水	8	10^{-8}	0.00000001
硼砂	9	10^{-9}	0.000000001
氢氧化镁	10	10^{-10}	0.0000000001
氨水	11	10^{-11}	0.00000000001
肥皂水	12	10^{-12}	0.000000000001
炉灶清洁剂	13	10^{-13}	0.0000000000001
下水道清洁剂	14	10^{-14}	0.00000000000001

▲化学中的 pH 是一个对数函数

对数传入中国是在明末清初。中国数学家薛凤祚和波兰传教士穆尼阁合作完成了中国最早的对数著作《比例对数表》。《清史稿·畴人传》把薛凤祚列于首位，称他“不愧为一代畴人之功首”（畴人，是指古代天文历算方面的学者，包括数学家和天文学家）。

这位薛凤祚，和对数发明人纳皮尔一样文武双全。明末天下大乱，盗贼蜂起，薛凤祚在家乡训练乡勇、修建山堡以抵御盗贼。他指挥有方，史书上称“环凤祚五十里盗贼无敢犯”。

我们化学课程中的酸碱度 pH，也是来自对数。它测量的是氢离子 H^+ 的浓度（摩尔/升）。pH=0 表示每升溶液含有 1 摩尔的氢离子（H^+）。pH=7 表示每升溶液含有 10^{-7} 摩尔的氢离子（H^+）。

三思小练习

1. 科学家为什么要发明对数？

2. 留意一下最近的地震新闻，估算一下它的震级。

3. 你平时玩游戏的噪声有多大？半夜家里人都睡觉的时候，房间里的噪声有多大？

科学也诗意

对数

把一千，缩到三，

把一万，缩到四，

只要找到了对的数，对的尺度，

就可以把须弥纳入芥籽，

把乾坤握在掌中。

而当目光逆向穿越，

对数，反向蔓延开来，

纳皮尔用一把尺，

丈量星空。

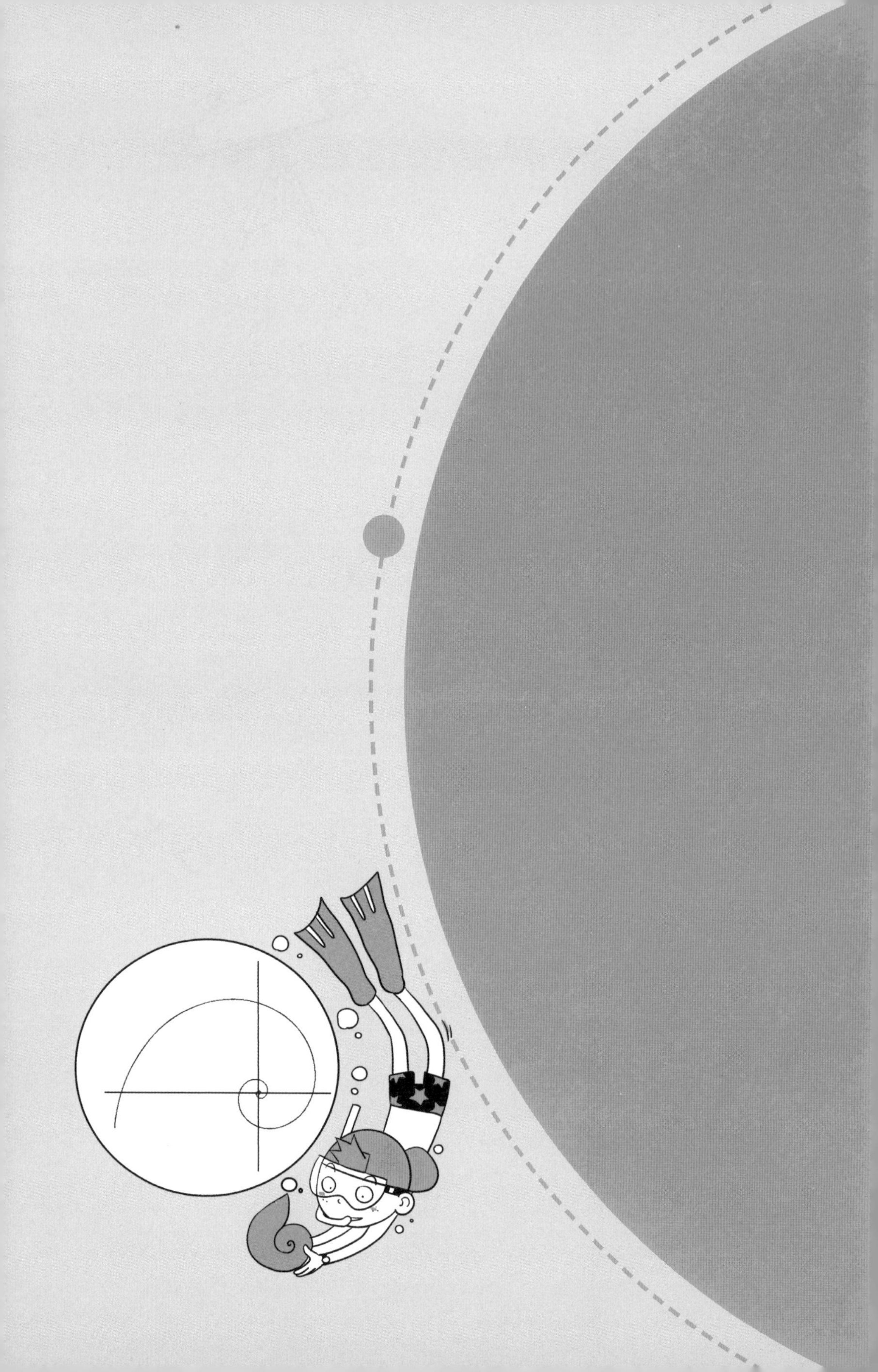

第3讲

数形结合百般好

——解析几何

代数和几何，且行且珍惜

在此之前，我们已经学习了数学的两大分支：几何和代数。

古希腊欧几里得的几何学研究图形，花剌子米的代数学研究数、变量和方程。它们各有特点，也各有缺点。

几何图形是直观的，但是，几何更多的是研究形状、线段、角度之间定性和简单的定量关系。我们在几何里，看不到求解一条线段的 3.1213 倍之类的问题。

代数方程可以在数量上做到非常细微，3.1213 倍之类的问题，是小事一件。但是，代数方程比较抽象。把代数方程具化成几何图形，还是需要一点想象力的。

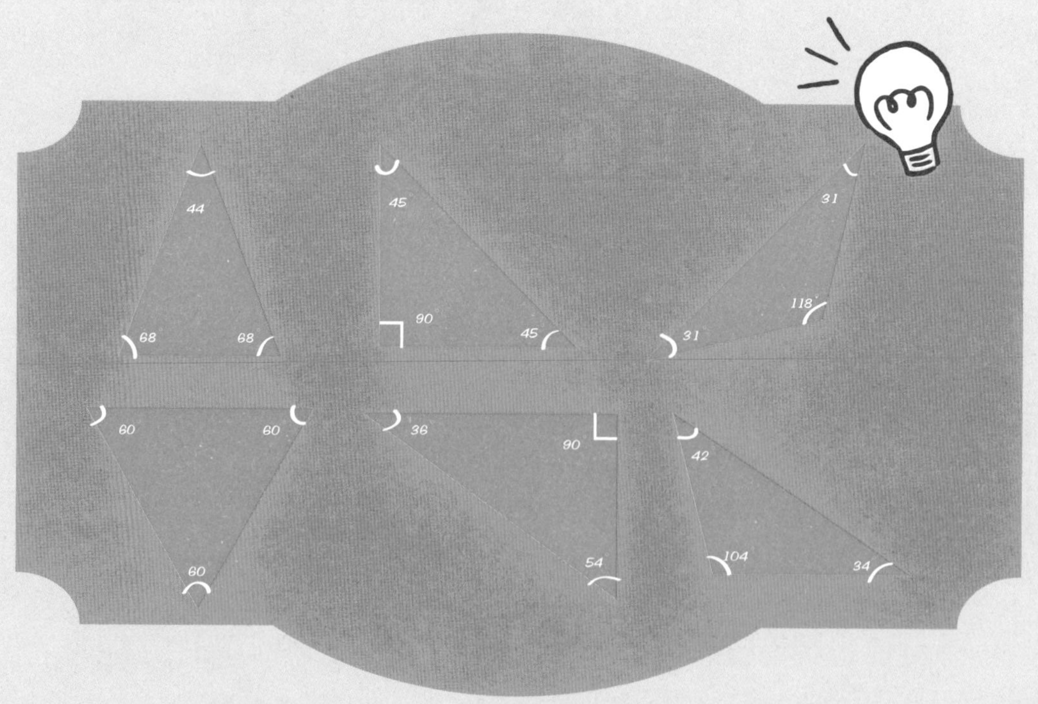

那么，能不能把几何图形与代数方程结合起来，也就是说能不能用几何图形来表示方程呢？

数形结合

▲笛卡儿

这个数形结合的方法，是由法国的大科学家勒内·笛卡儿(1596—1650年)研究出来的。

笛卡儿是法国著名的哲学家、物理学家、数学家、神学家，堪称17世纪欧洲哲学界和科学界最有影响的巨匠之一。

在哲学上，他提出了“普遍怀疑”的主张，留下名言“我思故我在”，是欧洲近代哲学的奠基人之一，黑格尔称他为“近代哲学之父”。

牛顿在建立三大力学定律的时候，也参考了笛卡儿的研究成果。所以，笛卡儿也被誉为“近代科学的始祖”。

而笛卡儿在数学上最大的贡献，是发明“数形结合”的解析几何。这里面有一个有趣的传说。

蜘蛛的启示

据说有一天，笛卡儿生病卧床，病情严重，尽管如此，他还是在反复思考数形结合问题。要达到数、形结合的目的，关键是怎么样把组成几何图形的“点”，和满足方程的每一组“数”挂上钩。

突然，他看见屋顶角上的一只蜘蛛，拉着丝垂了下来，过了一会儿，蜘蛛又顺着丝爬上去，织网、拉丝、抱窝、假寐、捕虫子。

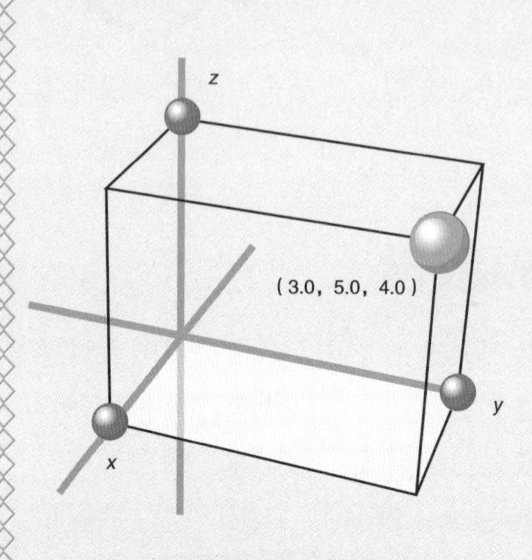

▲从蜘蛛结网联想到三维的坐标系

正是蜘蛛的“表演”使笛卡儿的思路豁然开朗。

如果把墙角作为起点，用地面和屋子里相邻的两面墙作为参考，那么，空间中任意一点的位置，就可以用距离地面和两个墙面的距离来表示。比如，到地面的距离为 z，到东墙的距离为 y，到南墙的距离为 x，蜘蛛的位置就可以用（x，y，z）这样 3 个有顺序的数来代表。

同样道理，在一个二维平面上，用一组数（x，y）可以表示平面上的一个点，平面上的一个点也可以用两个有顺序的数来表示。这就是笛卡儿坐标系的雏形，x 叫作“横坐标”，y 叫作“纵坐标”，把平面按逆时针分成Ⅰ、Ⅱ、Ⅲ、Ⅳ四个象限，（0，0）是原点。坐标系这样很抽象的概念，它的来源是非常接地气的。如果想起蜘蛛网的故事，是不是可以让你更直观地理解呢？

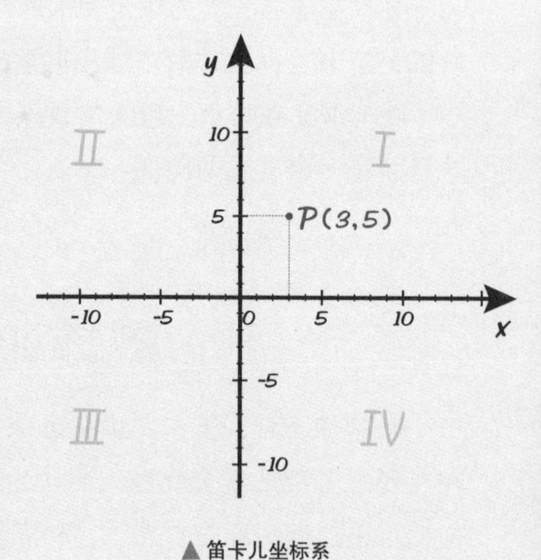

▲笛卡儿坐标系

数形结合的解析几何

直角坐标系的创建，在代数和几何之间架起了一座桥梁，它使几何概念和图形用代数来表示，同时，代数的运算仍然可以发挥作用。代数和几何就这样合为一家人了。用我国著名数学家华罗庚的诗来说："数缺形时少直观，形少数时难入微；数形结合百般好，隔离分家万事休。"

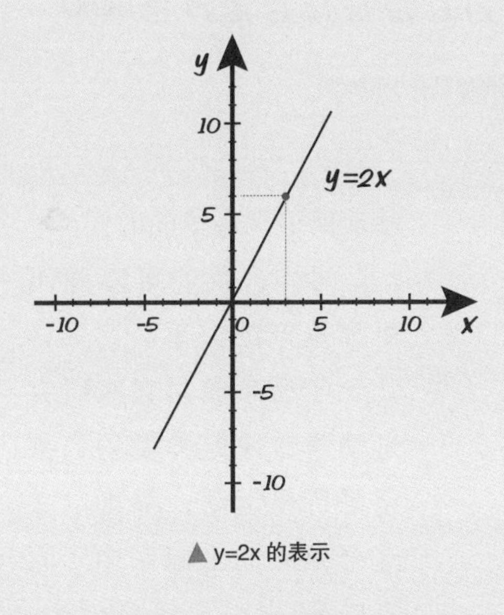

▲ y=2x 的表示

比如，小王的饭量是你的两倍，你吃 1 块骨头，他就吃 2 块，你吃 2 块，他就吃 4 块。他的饭量用 y 表示，你的饭量用 x 表示，在坐标系上直观地表达出来，就是一条直线 $y=2x$。

比如，我们在代数里讲到的"鸡兔同笼"问题。从上面数有 35 个头，从下面数有 94 只脚。假设兔有 x 只，鸡有 y 只，那么，鸡和兔的方程组就是：

$$\begin{cases} x+y=35 \\ 4x+2y=94 \end{cases}$$

我们可以在坐标系里把这两个方程，画成两条直线。精彩来了，这两条直线相交的地方（$x=12$，$y=23$）就是这个方程组的解！

芝诺的"乌龟和阿喀琉斯赛跑"的问题，我们也可以画在坐标系里，横轴是时间，纵轴是距离。当两条直线交错的时候，就是阿

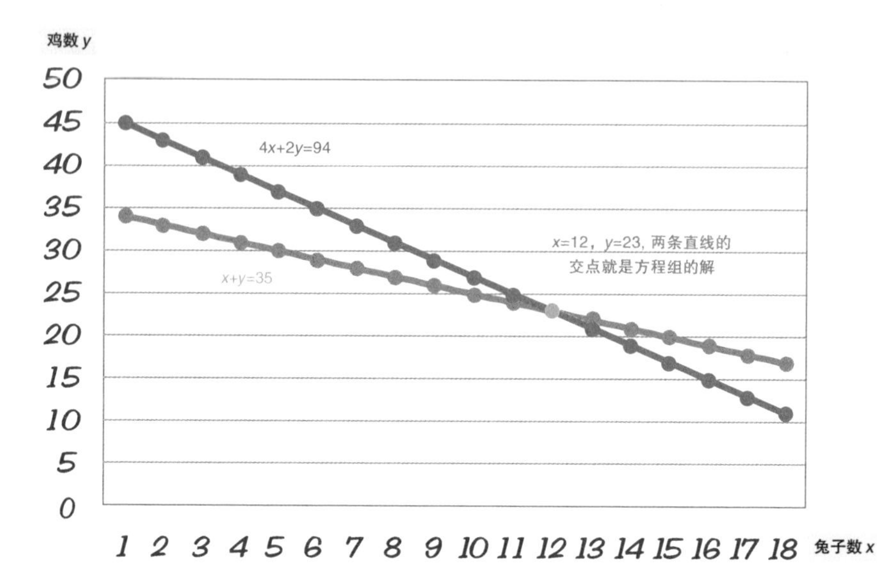

▲“鸡兔同笼”问题的解析几何解法

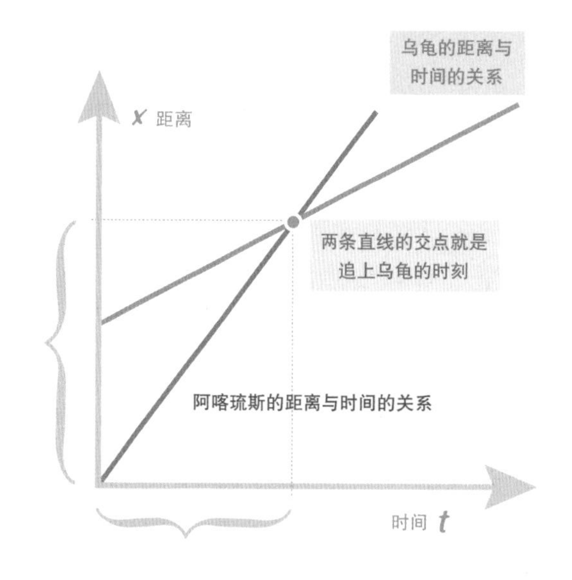

▲芝诺的“乌龟和阿喀琉斯赛跑”的解析几何解法

喀琉斯追上乌龟的时候。

同样，我们可以画出更为复杂的关系。比如，几十年后牛顿用它来研究运动学，像炮弹发射，甚至是行星运动，都可以在这个强大的坐标系中“原形毕露”。

再比如，一个半径为 r 的圆在笛卡儿坐标系里，根据毕达哥拉斯定理，表示为：

$$x^2+y^2=r^2$$

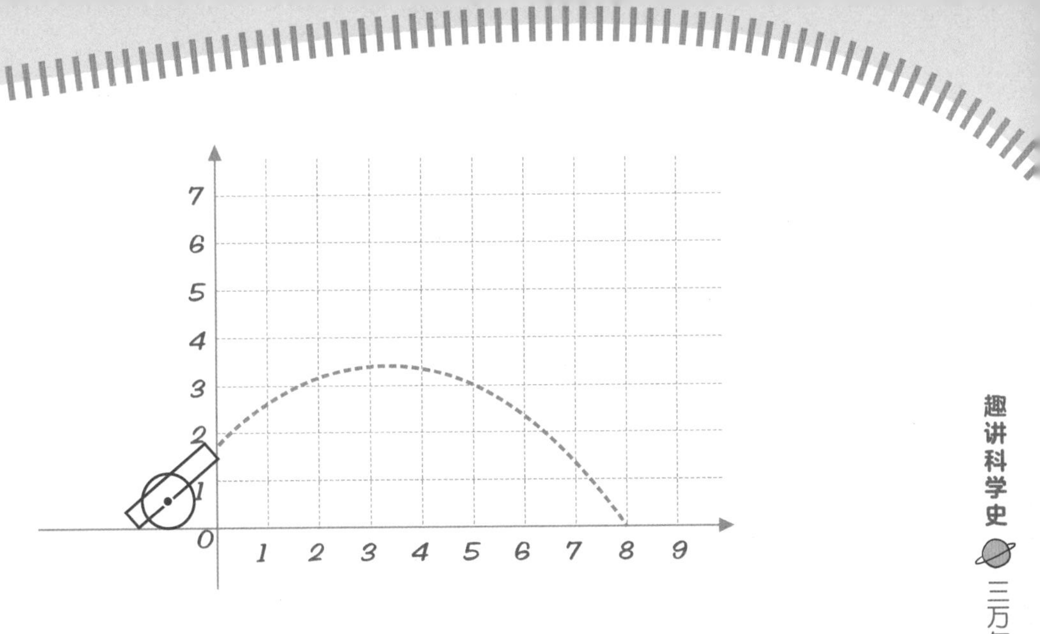

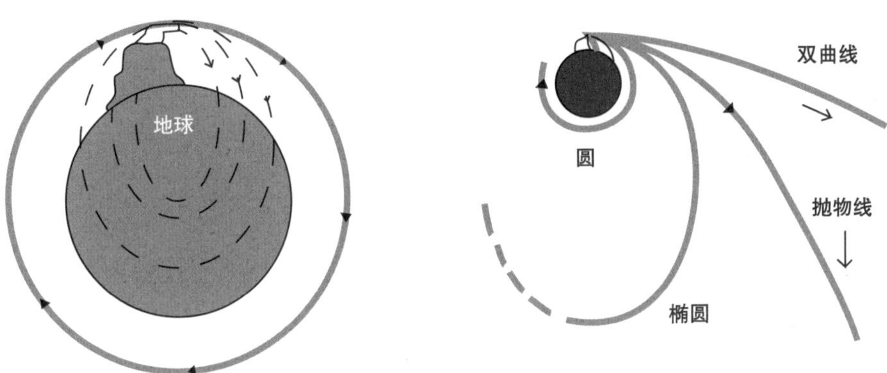

▲ 炮弹轨迹和天体运行的解析几何表达

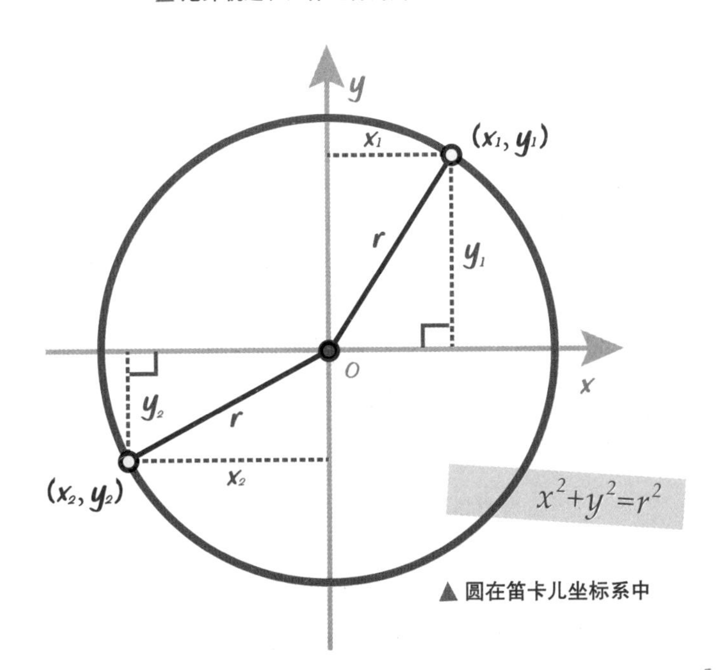

▲ 圆在笛卡儿坐标系中

由此，笛卡儿在直角坐标系的基础上，创立了用代数的方法来研究几何图形的数学分支——解析几何。

蝴蝶的威力

解析几何的踪影，出现在现代科学的各个领域。比如，你或许听说过“蝴蝶效应”：一只南美洲亚马孙河流域热带雨林中的蝴蝶，偶尔扇动几下翅膀，可以在两周以后，引起美国得克萨斯州的一场龙卷风。这是一个比喻，目的是告诉我们：任何一个看似微不足道的变化，都可能引发巨大的连锁反应。但是，为什么会有这种说法呢？要说翅膀的话，雕的更厉害啊，怎么不叫“雕效应”啊？难道是嫌弃雕不好看？

这里面居然有笛卡儿解析几何的原因！

话说在 1963 年，有一位叫洛伦兹的科学家在研究天气系统的变化时，用了一组方程。这组方程在笛卡儿坐标系上是左下图这样的曲线。你看，像不像蝴蝶？而这组方程的解是非常奇妙的。输入参数一个很小的变化，会造成截然不同的输出结果。“差之毫厘，谬以千里”。后来，科学家把“气象”“蝴蝶”“小的变化造成很不同的结果”这三点联系起来，就炮制了这个“蝴蝶效应”。

▲蝴蝶效应

我“心”永远

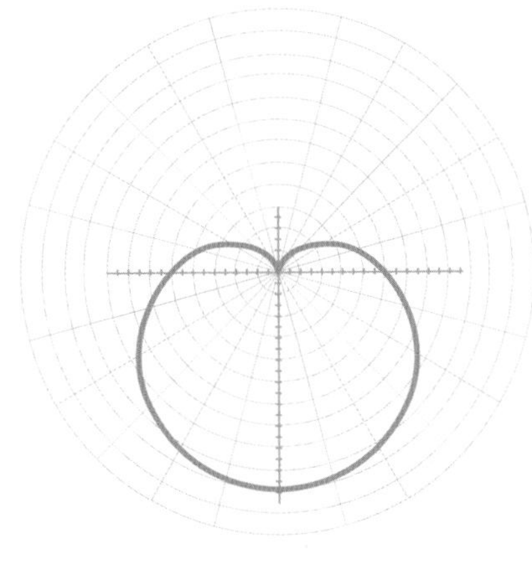

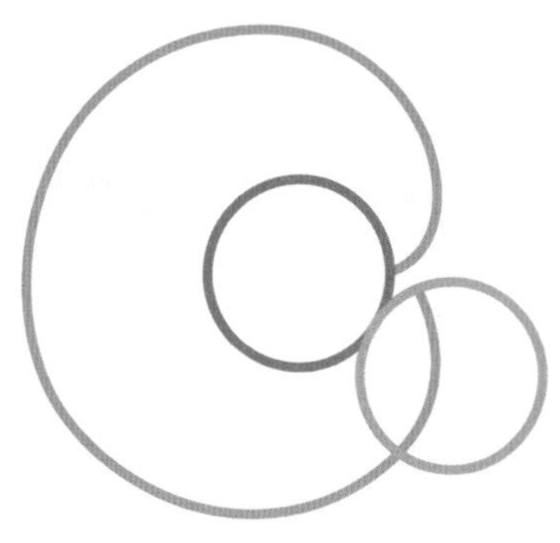

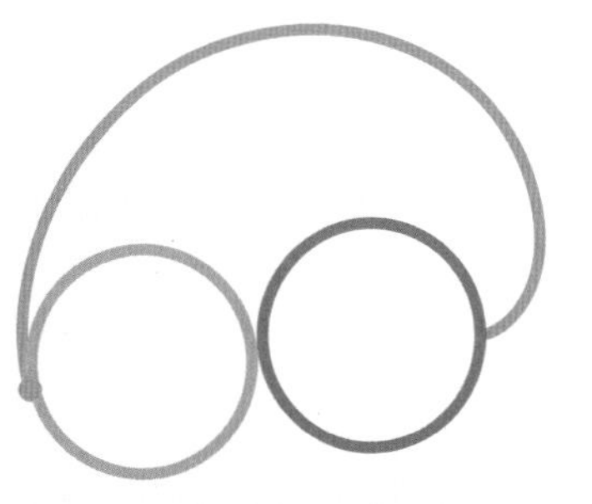

▲心形线的解析几何表达

关于笛卡儿的解析几何，还有一个心形线的八卦小故事要提一提。

这么漂亮的笛卡儿心形线，是怎么画出来的呢？

我们找两个一样大小的硬币，在纸上固定其中一个，让另一个绕着它在外圈上滚动。滚动的那个硬币上任意的一个点，在纸上留下的轨迹，就是笛卡儿心形线。

据说这是笛卡儿写给瑞典公主克里斯汀的一封书信，内容只有短短的一个公式：

$$r=a(1-\sin\theta)$$

这里用的坐标系不是直角坐标系（x，y），而是极坐标系。极坐标系也是一个二维坐标系统。在极坐标系中，任意位置可由此位置到极点的距离和一个夹角来表示，即（r，θ）。

比如在直角坐标系里，你可以说：“我在你东面400米，北面300米的地方。”

在极坐标系里，你要说：“我在你东偏北37度，距离500米的地方。”

公主看到后，把方程的图形画出来，原来是一颗心的形状。笛卡儿在东南西北的坐标里，绕出了心的形状。

在历史上，笛卡儿和公主的确有过交情。但是这里讲的故事，却是编造的。编造的动机，或许是要让学生们打消对解析几何的恐惧吧。但是，能看懂这封书信的收信人，至少要学过高中解析几何，还要多读书才行。

虽然，笛卡儿和瑞典公主的故事是虚构的，但是，解析几何显示的美却是真实的。在这里，你可以看到蝴蝶翩翩，也能看到一颗萌动的心——你心动了吗？欢迎来到美丽的数学世界。

$$y=-\frac{(42-|8x|)^2}{120}$$

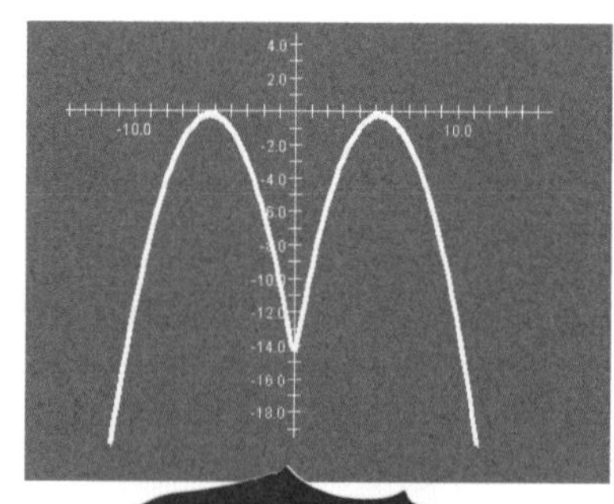

1.“蝴蝶效应”的由来是什么?

2. 有人为麦当劳的“金拱门”商标写出了方程，验证一下对不对。

3. 有人把常见的解析几何函数设计成T恤衫图案，你认识几个？你也设计一个看看。

蝴蝶的解析

蜘蛛在格子间结网而居，
我心甘情愿地坠入其中，
上下左右前后的位置，
已不在意。

一颗心放进方程，
一点一点解开“我思”的轨迹，
笛卡儿坐标里，
藏着“我在”的秘密。

而在很多年后，
谁能读懂，
蝴蝶的翅膀上，
对命运风暴的解析？

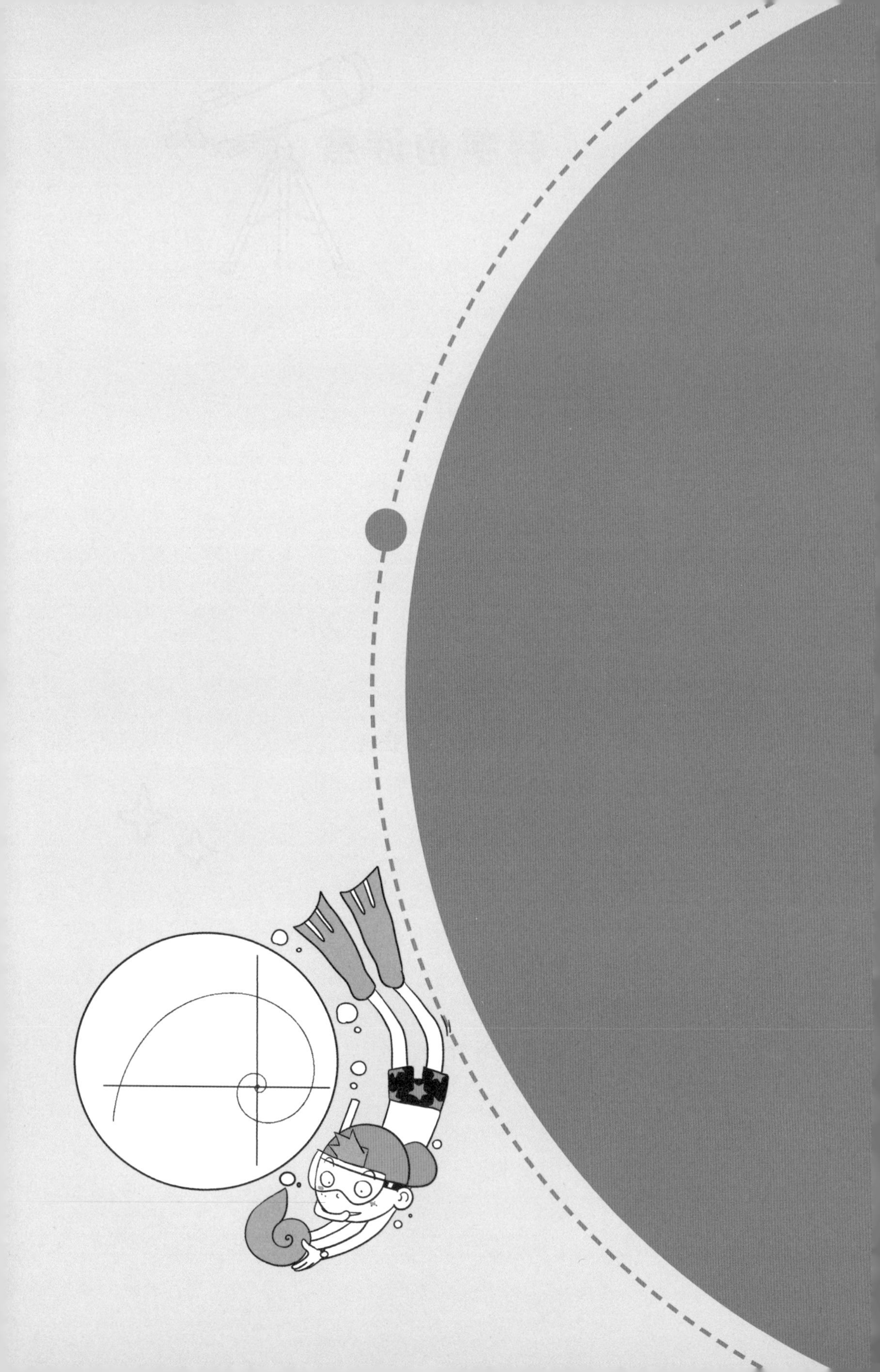

第4讲

无穷小的莫大玄机

——微积分

比萨饼的分法

如果你把一个比萨饼分成 60 等份，然后，把一块块交错组合，排成一长溜儿，你能得到一个新的形状。它不再是圆形的，而是一个近似“花式”的平行四边形：一条边的长度是半径 r，另一条边的长度是圆周的一半 πr。你要问我这样做的目的是什么，是不是要分给班上 60 位同学吃？那么，我告诉你，我这是听牛顿爵爷的命令分的，是为了讲解微积分的原理。

现在再把比萨饼切成 120 等份、240 等份、480 等份，再拼凑出图形来。你会发现，这个平行四边形，越来越像长方形了，一条边的长度是 r，另一条边的长度是 πr。这个图形的面积也越来越接近 πr^2。

这种把圆不断切割的方法，其实在阿基米德的古希腊和刘徽的魏晋时期，大家都已经知道了。他们采用割圆术，求圆的面积和周长。

割圆术

这里面有一个朴素的思想：我们把圆分成很多很多份——或者说是无穷多份，每一份无穷小，它们的形状近似三角形，然后再加起来，就能求面积了。无穷小，是里面的关键。

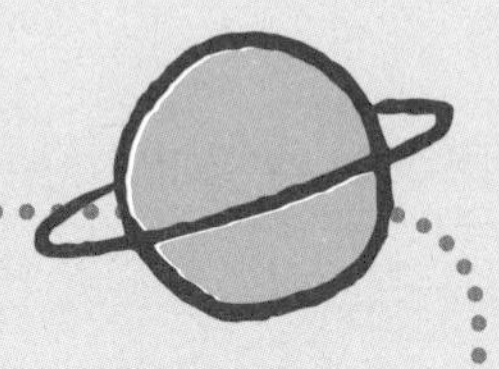

无穷小的概念

我们再来举一个例子。伽利略从比萨斜塔上扔下铁球，铁球下落的速度是越来越快的，有一个加速度存在，你怎么算或测量某一个时刻 t，铁球瞬间的速度呢？

我们可以考虑，从 t 时刻开始，过了一个无穷小的时间间隔 Δt，铁球下落了 Δd 米。这个无穷小的时间间隔不是 0，但是无限接近 0。那么，$\frac{\Delta d}{\Delta t}$ 就是瞬间的速度。这里面，我们又见到了“无穷小”的身影。

上面两个例子，就是微积分最朴素的表达。微积分“calculus”来自拉丁语，意思是细小的石子。它表达的是用“无穷小”来计算的意思。

微积分有两位“爸爸”。一位是牛顿，一位是莱布尼茨。

▲莱布尼茨

莱布尼茨和微积分

戈特弗里德·威廉·莱布尼茨（1646—1716年），德国哲学家、数学家，历史上少见的通才，被誉为17世纪的亚里士多德。

莱布尼茨的父亲是德国莱比锡大学的伦理学教授，在莱布尼茨6岁时去世，留下了一个私人图书馆，莱布尼茨从此就在自家的“藏经阁”自学。14岁时，他进入莱比锡大学念书，20岁拿到博士学位。

1684年，他在研究怎么算不规则图形的面积时，发明了利用“无穷小”来计算的方法。莱布尼茨是符号专家，他觉得在数学上创造一个方便使用的符号，会对数学的发展更有利。我们现在使用的微积分符号，就来自他的发明。

在同一时期，英国的牛顿在研究运动问题时，也发明了利用“无穷小”来计算的方法——流数术。

因为牛顿本人在科学界的崇高地位，加上英国学术界的保守，英国皇家学会在1713年初发布公告，确认牛顿是微积分的第一发明人，并长期固守牛顿的流数术，只用牛顿的流数符号，不屑于采用莱布尼茨更优越的符号，以致英国的数学脱离了数学发展的时代潮流。

虽然莱布尼茨受到了不公正的待遇，但是他对牛顿的评价是非常高的，他说：“在从世界开始到牛顿生活的时代的全部数学中，牛顿的工作超过了一半。”

如果换上一个不谦虚的人，肯定会说，另一半是我自己。

现在学术界公认，**微积分是牛顿和莱布尼茨各自独立发明的。牛顿从物理学出发研究微积分，更多地结合了运动学。莱布尼茨则从几何问题出发，引进微积分概念，数学上更加严密；他还创立了微积分的符号。**

无穷小的悖论

微积分一问世就显示了极大的威力，在各方面有很大的应用，解决了很多以前的疑难问题。但是，微积分一出生，就带着天然的缺陷：无穷小到底是什么？究竟是不是 0 啊？

牛顿和莱布尼茨在做无穷小计算时，在有的地方要把它忽略，所以，它应该是 0。

但是，有的地方要用一个数除以无穷小，这就不能是 0 啊，因为你不能除以 0。

比如牛顿在计算瞬间速度时，从 1 秒到 $1+\Delta t$ 秒之间，铁球坠落了：

$4.9(1+\Delta t)^2-4.9=9.8\Delta t+4.9\Delta t^2$

在 1 秒瞬间的速度就是在 Δt 内坠落的距离除以时间 Δt, 就是：

$$\frac{9.8\Delta t+4.9\Delta t^2}{\Delta t}=9.8+4.9\Delta t$$

如果我们能保证 Δt 足够小，接近 0，就能算出速度为 9.8 米 / 秒。

你看，推导中一会儿说 Δt 是 0，一会儿又说不是 0。

微积分里的漏洞，被英国大主教贝克莱抓到了，提出了“贝克莱悖论”。

概括地说，**贝克莱悖论可以表述为“无穷小量究竟是否为 0”的问题：无穷小量在当时的实际应用中，它必须是 0，又不是 0。**

▲ 贝克莱大主教

柯西的数列和极限

这种微积分的基础所引发的危机，在数学史上被称作“第二次数学危机”。

而这个危机，数学家们前赴后继花了将近 200 年才化解。最终化解的人，是法国的大数学家柯西（1789 —1857 年）。

柯西的父亲是一位精通古典文学的律师，与当时法国的大数学家拉格朗日和拉普拉斯交往密切。拉格朗日是大数学家欧拉的弟子，拉普拉斯是法国的牛顿、拿破仑的老师。这两位是法国 18 世纪科学界的两座“最高峰”。

柯西在少年时代就展露出数学才华，受到与父亲交往密切的拉格朗日和拉普拉斯这两位数学家的赞赏，他们预言柯西日后必成大器。在这里，我们看到微积分这门学科的演变之外的数学家之间的传承：莱布尼茨指点过雅各布·伯努利，雅各布·伯努利指导了约翰·伯努利，约翰·伯努利是欧拉的老师，欧拉引导过拉格朗日，拉格朗日又指导过柯西。

▲柯西

柯西在 1821 年出版了数学史上划时代的著作《分析教程》，提出了极限

有史以来的数学家里，欧拉是最高产的。你知道数学著作和论文第二多的是谁吗？他就是柯西。他不仅论文多，而且长，以至于数学刊物的编辑看到柯西的论文就头大，禁止刊登其超过 10 页的长文章。最后，柯西不得不自己创办了数学期刊。

的概念。什么是极限呢？我们来看一组数列：

0.1

0.01

0.001

0.0001

0.00001

0.000001

0.0000001

……

0.00000000000001

0.000000000000001

……

这组数列有什么特点呢？

我们从中任意找一个数，总能再找到一个更小的数，比前一个数更接近 0。对不对？

这里面的关键词是三个："任意啥""总存在一个数""满足啥条件"。这就是柯西研究出来的严格的数学描述。

柯西认为，这样的数列，每一个数是不等于 0 的，但是，它会趋向于 0，它的极限是 0。

再举一个数列：

1.1，1.01，1.001，1.0001，1.00001，1.000001……

我们在这个数列中任意找一个数，总能再找到一个更小的数，比前一个数更接近 1。对不对？

这样的数列，每一个数是不等于 1 的，但是，它会趋向于 1，它的极限是 1。

他的这本《分析教程》是数学史上划时代的著作。从极限的观点看，"无穷小量" 不是固定的量，而是变量，是以 0 为极限的变

量。在变化过程中，它可以是“非 0”，但它的变化趋向是“0”，无限地接近于“0”。

极限论，从变化趋向上说明了“无穷小量”和“0”的内在联系，从而澄清了早期微积分逻辑上的混乱。

正是因为有了柯西的极限理论，我们可以得到结论：

0.9999999999……=1

知道了小数点后面这么多 9，就是圆满的 1。

也正是因为柯西，才解决了芝诺的“乌龟和阿喀琉斯赛跑”的千年悖论，“追赶”上那只乌龟，把阿喀琉斯从无穷的陷阱中“解救”了出来。如果有画家要给柯西画像，我建议在他身上要画上阿喀琉斯的黄金战甲——荣耀属于柯西！

三思小练习

1. 其实 0.999999……=1 可以用代数的方法来证明。

x = 0.999…	
10x = 9.999…	乘 10
10x = 9+0.999…	整数和小数分开
10x = 9+x	用 x 取代
9x = 9	减去 x
x = 1	除以 9

2. 这张漫画里，莱布尼茨为什么要说这话？

科学也诗意

0.99999999……

从芝诺后院的龟迹，

到贝克莱无穷小量的质疑，

请不要把我看作

一个孤独单调的身影。

我是一串排列整齐的心跳，

每一声怦然都有回音。

当每一次在后面缀上一个九，

我便离一的圆满

越来越接近。

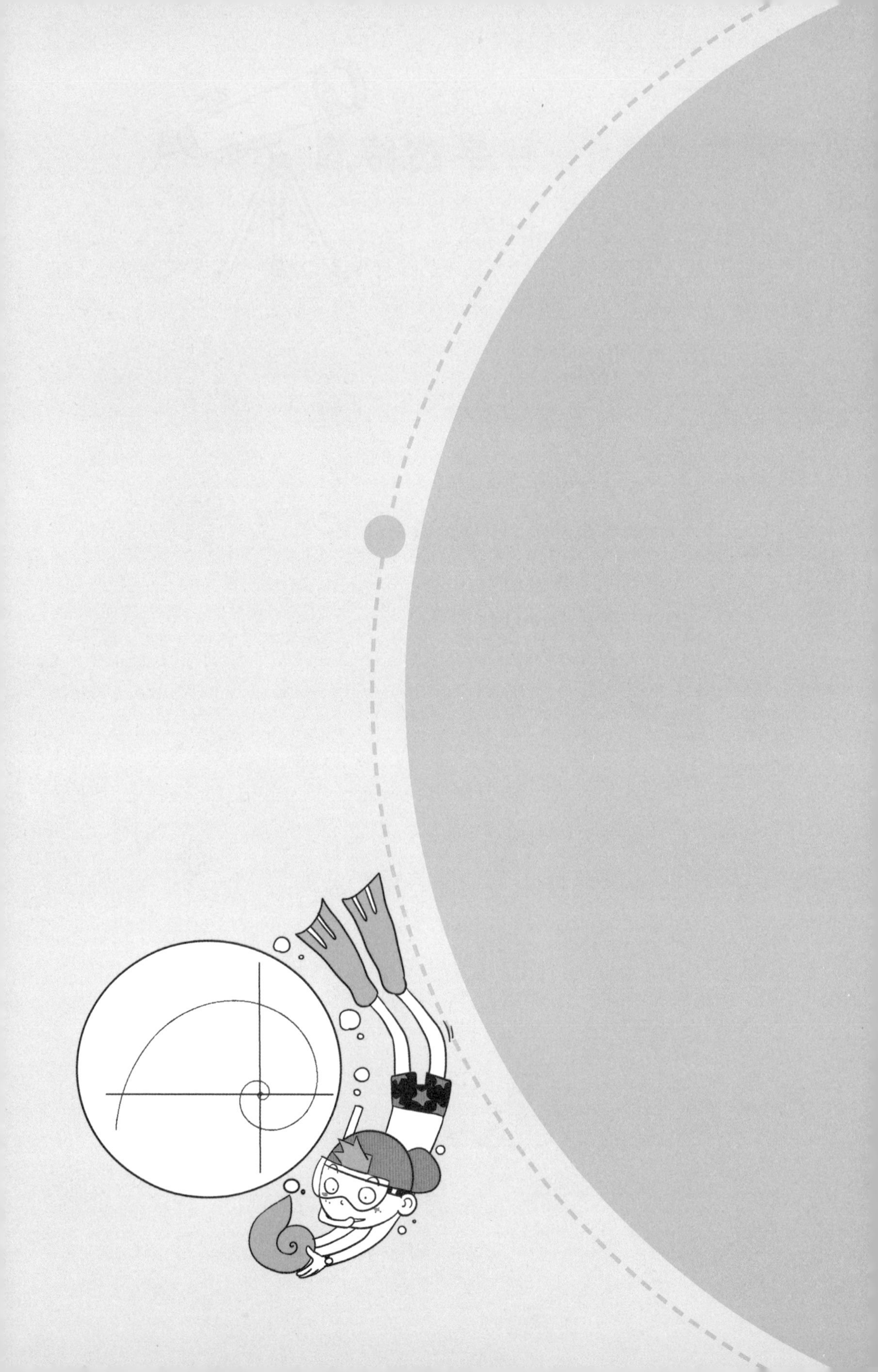

第5讲

从银行利息到挑选麦穗

——无处不在的欧拉数

很努力的伯努利家族

▲雅各布·伯努利

在十七八世纪的瑞士，有一个赫赫有名的家族，三代之内出了8位一流的数学家和物理学家，其中的老大叫雅各布·伯努利（1654—1705年）。关于这个牛人辈出的家族，我们以后会专门介绍。雅各布·伯努利是莱布尼茨通过信件指导的得意门生。他研究过一个无数人都非常感兴趣的问题：如何实现1个亿的小目标。

守财奴的利息算法

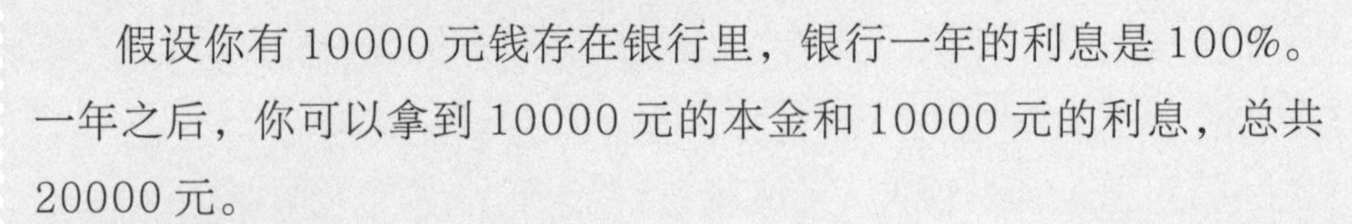

假设你有10000元钱存在银行里，银行一年的利息是100%。一年之后，你可以拿到10000元的本金和10000元的利息，总共20000元。

数学算式是：

$10000\times(1+100\%)=20000$

你觉得锁定一年不够灵活，就和银行谈，要求每半年就付一次利息，每半年的利率是50%，一年结算两次利息，这样一来，年息还是不变，是100%。我们来看看，这种算法你是不是更划算。半年结算时，你有本金10000元，利息5000元。你不取出来，连本带利 15000 元继续存在银行里。按照这种方法，新得到的利息同样可以生息，这叫“复利”，俗称“利滚利”。再过半年，你这 15000 元产生的利息是多少呢？是 7500 元，最后加起来，总共是 22500 元。

数学算式是：

$10000\times(1+50\%)\times(1+50\%)=22500$

你看，虽然年利息都是 100%，但是，你在年中多结算一次，变成两个 50%，你多赚了 2500 元！

聪明的你会不会想，如果每年结算四次，每次 25% 的利息，年息还是 100%，年底你会拿到多少钱呢？

$10000\times(1+25\%)\times(1+25\%)\times(1+25\%)\times(1+25\%)=24414$

又多赚了将近 2000 元。

聪明的你会不会继续想，如果每个月结算呢？

$$10000\times\left(1+\frac{100\%}{12}\right)^{12}=26130$$

那么，每天结算呢？每小时结算呢？

这样下去，会不会越赚越多，靠 10000 块钱很快就达到赚取 1 个亿的小目标了？

但是，“梦想太丰满，现实太骨感”。你会发现，有一个“天花板”挡住了你的企图。

只要在年利率保持 100% 不变的情况下，不断地提高利息的结算次数，即使你每分钟每秒钟结算，最后也只会逼近 27183 元……真有“错过了 1 个亿”的感觉啊。雅各布·伯努利让多少人的梦想破灭了。

很努力的弟子欧拉老师

雅各布·伯努利发现了这个“天花板”，但是，真正证明这个“天花板”的，是他弟弟约翰·伯努利的学生欧拉（1707—1783 年）。因为弟弟约翰 ·伯努利是哥哥雅各布·伯努利指导的博士生，所以，从传承来说，欧拉是雅各布·伯努利的徒孙了。

我们在说到圆周率和对数时，提到过欧拉。欧拉是 18 世纪数学界最杰出的人物之一，13 岁进入大学，16 岁硕士毕业，19 岁博士毕业，是少年天才，也是数学史上最多产的数学家之一，平均每年能写出 800 多页的论文。最让人难以置信的是，欧拉在 31 岁右眼失明、59 岁双目失明之后，仍然有很多重大的发现，直到 76 岁去世。所以，欧拉不仅是天才，更是勤奋的天才。

▲ 所有人的老师——欧拉

法国数学家拉普拉斯说过：读读欧拉，他是所有人的老师。数学江湖上有传言：读数学不识欧拉，不知你在学习啥。

欧拉老师证明了，师祖雅各布·伯努利的复利问题实际上是算一个值：

当 n 趋向无穷大时，$\left(1+\dfrac{1}{n}\right)^n$ 是多少？

e 来了

欧拉算出来这个值是 2.718281845……

1736 年，欧拉算到了小数点后 15 位。

他把这个数称作“e”。又因为 e 恰好是欧拉（Euler）姓的第一个字母，所以这个数也叫“欧拉数”。

到了 2013 年，有人把 e 算到了小数点后 4 万亿位，似乎没有穷尽。这又是一个无理数！

所以，你不会自成“大款”，一切“到 e 为止”。

对于一个连续增长的事物，如果单位时间的增长率为 100%，那么，经过连续的增长，在一个单位时间后，它的极限是变成原来的 e 倍。

科学家发现生物的生长与繁殖、细胞的分裂，也类似于“利滚利”的过程，所以也把这个数叫作“自然常数”。用这个数作底数的对数，叫作“自然对数”，其在现代科学里有非常广泛的应用。

e 在数学上的作用，可以说不亚于圆周率 π。

e无处不在

雅各布·伯努利执迷一生研究一种叫作“对数螺线”的曲线，它和 e 有着千丝万缕的联系。对数，就是纳皮尔发明的对数，而对数螺线是 e 的指数函数，它的极坐标方程是这样的：

$r=ae^{\theta}$

▲ 对数螺线

先来看看它在解析几何里是什么样子的吧。

你如果去动物园，可瞧仔细了：象鼻、羊角、鹦鹉的爪子、鹦鹉螺外壳，都是成对数螺线形的。热带低气压的外观也像对数螺线，就连旋涡星系的旋臂都像对数螺线。

你有没有发现，对数螺线的形状和字母 e 很像？不得不佩服欧拉把这个数称作 e 的高明之处。

e 描述了事物连续变化的一种状态（单位状态量变化率是固定值），而自然界中大部分事物的变化发展是接近这种状态的，所以，很多状态曲线和 e 相关。简单一句话：e 代表了连续变化。

雅各布 · 伯努利发现，经过各种适当的变换之后，不管是求导数还是求积分，对数螺线仍是对数螺线。雅各布 · 伯努利在他的遗嘱里，要求后人将对数螺线刻在自己的墓碑上，还留了一句话——“纵然变化，依然故我”来描述对数螺线的特征，并用来自喻。

▲ 伯努利的墓碑和阿基米德螺线

很可惜，世人对他的研究不太了解，你仔细看的话，会发现墓碑上的对数螺线雕错了，雕成了阿基米德螺线。真不知道雅各布·伯努利在地下是什么感受！

人生鸡汤里的e

e 的作用除计算复利、描述大自然美妙的螺线之外，还有一个非常有名的“37% 准则”与它有关。

有一个“人生鸡汤”的故事是这样的：有 3 个学生问老师，怎样才能找到理想的人生伴侣呢？

风吹麦浪，老师带着学生们来到一片金黄色的麦田，说：“你们走进麦田，一直往前不要回头，途中摘下一支你认为是最大的麦穗，而且只能摘一支。”

第一个学生走进麦田，每当他要摘时，总是提醒自己，后面还有更好的。不知不觉，他就走到了终点，却一支麦穗都没摘到。他

也很后悔，没有把握住机会，总觉得有更大的在后面，于是他错过了全世界。

第二个学生吸取了教训，很快就看见一支又大又漂亮的麦穗，于是很高兴地摘下了它。可是，当往前走时，他发现有很多麦穗比他之前摘下的那支要大得多。他很后悔下手早了，只好遗憾地走完了全程。他错过了最美的世界。

第三个学生吸取了前两者的教训，他把麦田分为三段，走过第一段麦田时，只观察不下手，在心中把麦穗分为大、中、小三类。走过第二段时，他还是只观察不下手，验证第一段的判断是否正确。走到第三段，他摘下了遇到的第一支属于大类中的麦穗。这可能不是最大的一支，但他心满意足地走完了全程。

这个就是著名的“人生伴侣麦穗理论”。有一种版本说，这位老师是苏格拉底。其实这是以讹传讹，苏老师根本没有“熬”过这样的“鸡汤”。

后来的数学家经过研究，发现这实际上是一个随机选择优化问题。最好的方法并不是冒名的苏老师的方法，而是和欧拉数相关的方法：

把麦田分为两段，前一段 37%，后一段 63%。先在前 37% 的样本中，把风景看遍，记下其中最优的那个作为对照点。如果在剩下 63% 的样本中，出现比对照点好的样本，就果断下手。

分两个阶段这个策略和 37% 这个数字，是经过数学论证的最优的方法。37% 是怎么来的呢？它是欧拉数的倒数（$\frac{1}{e}$）。

37% 的规则并不能保证你一定能选择到最大的麦穗，但是它能够保证你选到足够大的麦穗。这在选择应聘人员等方面都有应用。

当然，世事无绝对，37% 法则只是理想情况下的产物。

比如，如果最优的那个样本在前 37% 的样本中，那么你就错过了它，而且会很郁闷地发现，到最后，你只能选最后一个样本。因为在后面 63% 的样本中，没有任何一个能超过那个最好的对照点。又因为你不能不选，所以，根据 37% 规则，不管最后那个样本如何，你只能选最后的那个样本。

又如，当前面 37% 的样本都是最差的样本时，不管后面 63% 中的哪个样本，都比前面任意一个样本好。

所以，当你准备喝下这碗“37% 鸡汤”的时候，最好先祈祷所有的样本都是随机的。

有人说，数学是科学中的皇后，一切形和数，都拜伏在她的优

雅之下。当雅各布·伯努利在“斤斤计较”利息，梦想1个亿的时候，当欧拉终于发现e这个无理数的时候，他们万万没有想到，它会出现在小到海螺、大到风暴和星系的形状中，也没有想到，甚至工作面试、恋爱这样的人生选择，也和这个数相关。

1. 平分相乘里的奥秘：我们把一个数平分，然后相乘，比如：把10平分成2份，每份是5，有 $5\times5=5^2=25$；把10平分成3份，每份是 $\frac{10}{3}$，有 $\frac{10}{3}\times\frac{10}{3}\times\frac{10}{3}\approx37.037$；把10平分成4份，每份是2.5，有 $2.5\times2.5\times2.5\times2.5=39.0625$；把10平分成5份，每份是2，有 $2\times2\times2\times2\times2=2^5=32$。

当把一个数平分成接近e份时，各部分的乘积最大。你试一下50，是不是也是这样？

2. 左图是美国旧金山附近的半月湾，其海岸线就是对数螺旋。这是在特定的地理环境下，海浪的冲击、折射、衍射，几千万年作用的结果。喜欢地理的同学，可以做一个模型或用计算机模拟，这是一个很有意思的科学实验项目。

3. 阿基米德螺线在自然界里也存在，看看左图中藤蔓弯曲盘起的形状。看出不同了吧？你能再找一些类似的例子吗？

欧拉数

一条螺线，
繁衍出自然。

海底的鹦鹉螺，
驮起风暴中心的眼。

欧拉，把星系的旋臂折叠，
收入一行数字间。

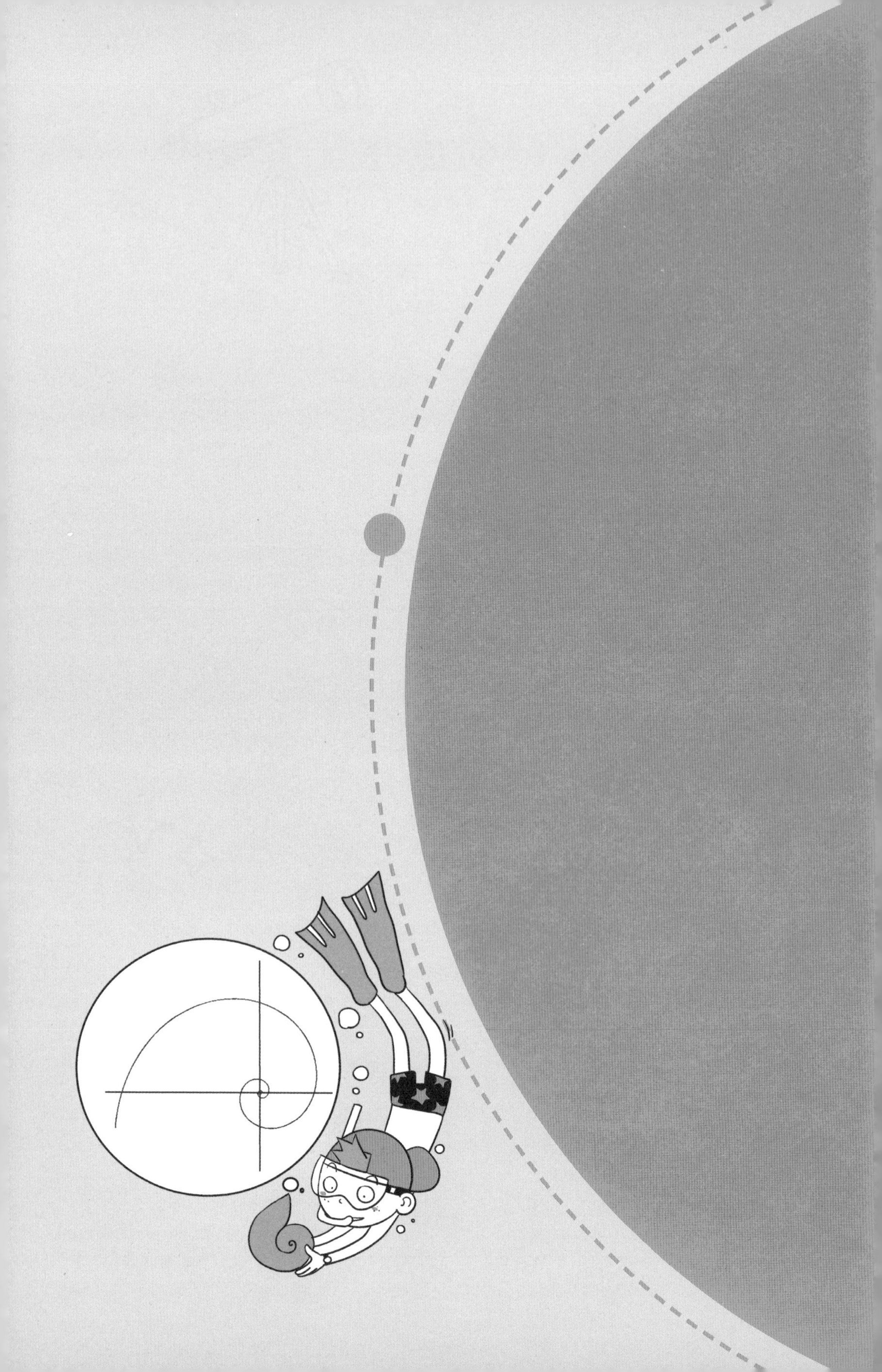

第6讲

从赌博到认识世界

——概率统计“三大招”

赌场里的学问

在20世纪90年代的香港影坛，有一个非常精彩的电影系列《赌神》《赌圣》《赌侠》，向大众展现了一个个虚构的世界，色子抛得让人眼花缭乱，扑克牌在手上可以随意变化。这样的赌术、这样的牌技，真的存在吗？它们背后除了老千和魔术手法，有数学上的依据吗？

我们平时见到的世界，发生的事情很多是确定的，如 2-1=1，本来有两块骨头，吃掉了一块肯定还剩下一块。但是，有些事情却是无法预料的。比如，扔一枚硬币，你无法预测它掉下来后，是正面朝上，还是反面朝上。扔一颗没有机关和猫腻的正常色子，你也无法预知，是 1 到 6 点中的哪一个面朝上。这些事件，代表了世界的不确定性和随机性。

初代赌神

▲数学家和星相大师卡尔达诺

最早研究这种不确定性的，是意大利文艺复兴时期的学者卡尔达诺（1501—1576年）。

他是个医学博士，以行医为业，业余时间研究哲学、数学、物理、占星算卦，还有就是赌术，而且还靠赌博赚了不少钱。

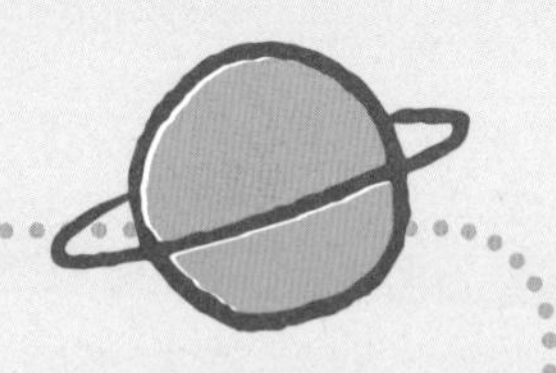

他在1545年出版了《大术》一书，里面有一元三次方程的解法，后人称为“卡尔达诺公式”，又称“卡当公式”。实际上，后来的史学家发现，这是他从另一位数学家塔塔利亚那里骗来的。书中还记载了一元四次方程的解法，是由他的学生费拉里发现的。

他的死法也颇为奇葩。因为他占星算命的名气比较大，是宫廷御用首席占星师。“骨骼清奇”的他，在71岁时通过占星术推算出，自己将在4年之后，也就是1576年9月21日去世。遗书和葬礼都安排完毕，但是到了那一天，他发现自己居然是“好吃好喝身体倍儿棒”。为了保全自己算命大师的名声，他只好自杀了。

卡尔达诺死后，有人把他研究赌博的书《论赌博游戏》出版发表。在书中，他第一次用数字来描述随机事件发生的可能性。比如扔硬币，正面和反面出现的可能性是相等的，概率都是$\frac{1}{2}$。扔色子，有6种可能，每种可能的概率是$\frac{1}{6}$。概率，是一个0～1的数，越接近1，表示它越可能发生。概率为1，就是肯定会发生。概率为0，就是不可能发生。

这一划时代的思想对随后产生的概率论、统计学有深远影响。他也算是概率论的鼻祖、古今中外第一位“赌神”了。可见，最早的概率，是和赌博密不可分的。

但是，概率研究的不确定性，里面究竟有没有规律呢？

扔色子的学问

在此，大数学家雅各布·伯努利又登场了，喜欢研究“1个亿小目标”的他，怎么会放过赌博这样一夜暴富、达到小目标的事情呢？他找到了概率里面的规律，偶然中的必然性。

一枚硬币被抛出后，有50%的可能为正面或者反面朝上。10次里可能有4次正面朝上、6次反面朝上，也可能是7次正面朝上、3次反面朝上，这很正常。但是，随着抛硬币的次数的增多，扔上几百次、几千次、几万次，出现正面朝上和反面朝上的次数，就会越来越接近于相同，即各占一半。

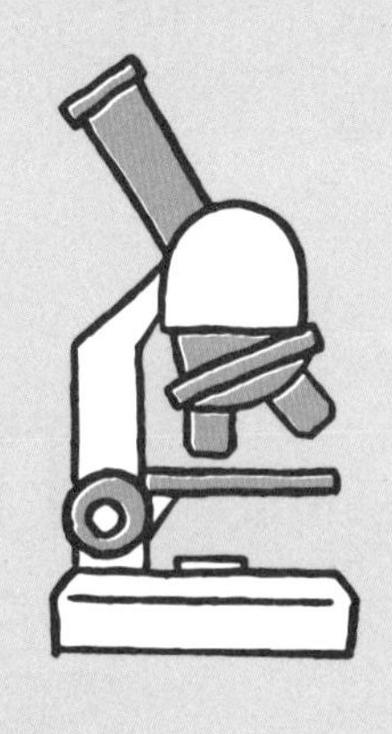

大数定律

这就是概率和统计理论里的第一个“大招”——大数定律。用数学的语言来描述就是，当试验次数无限增大时，事件出现的频率稳定于它出现的概率。

根据大数定律，你扔色子，只要你扔的次数足够多，几百次、几千次、几万次，一定有两个结果出现：第一，出现1～6点的频率，接近各占$\frac{1}{6}$；第二，你的手酸了。

大数定律以严格的数学形式，揭示了随机现象的本质之一：平均结果是稳定的。在我们的生活中处处可以看到有趣的大数定律。

有一段时间，一位人口统计学家调查发现，欧洲各地的男婴与女婴的出生比是22∶21。但是，在法国巴黎的比却是25∶24。虽然仍然男多于女，但是比例却比其他地区小。他觉得很蹊跷，决心去搞个明白。最后，他发现了原因，原来当时的巴黎重女轻男，一些人会丢弃男婴。

而赌场赚钱的秘诀也是在于大数定律。赌博机被设计出赢和输的比，并不是“50%∶50%”，而是“51%∶49%”的预期概率——赌场赢的概率至少是51%。大家别小看这一点点偏差。赌场不会和你进行“一把定输赢”，他们会不停地、大量地招揽赌客，然后，让大数定律发挥威力。随着赌博机转动，赌徒们以为自己要赚大钱了，最后却是赌场坐收渔利。

和伯努利同时期的法国科学家帕斯卡，以及著名非专业数学家费马，也研究过赌金分配问题，对早期概率论的发展颇有影响。

数学王子的定理

概率和统计理论里的第二个“大招”是中心极限定理。这个定理曾经印在德国的10马克纸币上，即一个钟形的曲线以及数学王子高斯的头像。这个定理是由法国的数学家棣莫弗和拉普拉斯发现的，后来由高斯在18岁时再次发现，并做了提升和推广。

比如，我们平时做民意调查：

现在的中学生喜不喜欢饶舌歌?

今年高考的数学题出得好不好?

你相不相信有外星人存在?

假如你去随机找100个中学生做调查，然后得到一个结果，比如，76个喜欢饶舌歌。

小明也随机找另外100个中学生做调查，然后得到一个结果，有34人喜欢饶舌歌。

▲德国10马克纸币上的高斯头像

小红也随机找另外 100 个中学生做调查，然后得到一个结果，有 64 人喜欢饶舌歌。

学校的 500 位同学都去做民意调查了……

你把 500 个调查结果画成曲线。横坐标，是每次调查的 100 个中学生中喜欢饶舌歌的人数，当然是在 0 到 100。纵坐标呢？是 500 次调查中有 0 个、1 个、2 个……100 个中学生喜欢饶舌歌的次数。

神奇的钟形

最后，你会发现，这个曲线的形状，就是“钟形分布”。这个钟，最突起的高峰，代表了 500 份民意调查中出现最多的结果。比如说每 100 个中学生中，有 66 个喜欢饶舌歌曲。500 次调查，大部分的结果集中在 61 ~ 70，有少数调查结果在 51 ~ 60 和 71 ~ 80，更少的在 41 ~ 50 和 81 ~ 90，40 及以下和 90 以上的结果很少。

你对民意调查入了迷，决定再次发动全校同学做高考数学题的调查。

同样派 500 个人出去调查，每个调查员去问 100 人。

最后的结果太让人意想不到了，虽然高峰的位置移动了，形状变得瘦瘦窄窄的，但是，居然还是一口钟的形状。大部分的调查结果，集中在 91 ~ 95。

这是怎么回事呢？明明是在调查不同的事情，一个是饶舌歌，一个是高考数学题，怎么形状差不多，都是这样的钟形呢？

这就是数学家发现的中心极限定理：

我们每个人去做的调查，就是一个样本。不管我们要研究的总体是什么问题，高考数学题也好，对流行歌曲的喜爱也好，外星人存在与否也好，**我们把很多样本集中起来，得到的平均值都会**

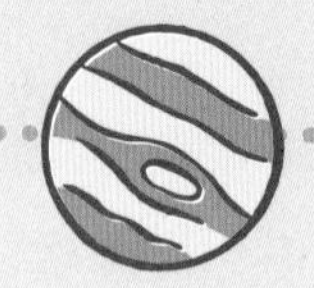

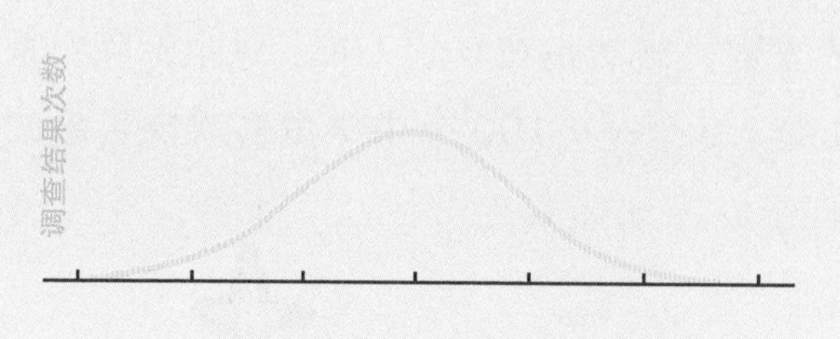

100 个中学生中喜欢饶舌歌的人数

调查结果次数

100 个中学生中觉得高考数学题出得不好的人数

▲ 钟形分布

围绕在总体的平均值周围，像一口钟一样分布，这也叫“正态分布”或者“高斯分布”。

这个中心极限是我们做统计活动、民意调查的理论依据。它让我们可以根据一些样本的结果，来推断真实世界的情况。

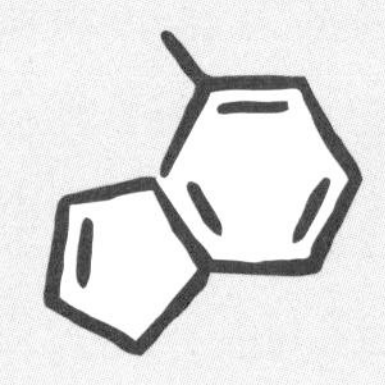

摸球的贝叶斯

概率统计里的第三个“大招”，叫贝叶斯分析。

前面我们已经能够计算“正向概率”，比如，假设袋子里有100个白球和10个黑球，你伸手进去摸一把，摸出黑球的概率是多大呢？$\frac{10}{110}$，对不对？

但是，如果我反过来问：如果事先并不知道袋子里面黑白球的比，而是闭着眼睛摸出好几个球，观察这些取出来的球的颜色之后，我们能不能推测黑白球的比？

这个问题，就是所谓的逆向概率问题，是由英国的数学家托马斯·贝叶斯（1702—1761年）提出来的。他是想从样本来推断全体，从结果去推断原因。

▲ 贝叶斯分析

贝叶斯分析有着非常深刻的哲学和数学意义：现实世界本身是不确定的，人类的观察也是表面的。沿用刚才那个袋子里面取球的例子，我们往往只能知道从里面取出来的球是什么颜色，而并不能直接看到袋子里面实际的情况。这个时候，我们就需要做一个猜测。所谓猜测，当然是不确定的，但也绝对不是忽悠瞎蒙。我们需要根据贝叶斯分析，算出各种不同猜测的可能性大小，再找到最可能接近事实的判断。

大数定律，中心极限定理，贝叶斯分析，实际上是我们认识这个世界的基础。现在比较流行的“大数据”分析，背后的理论依据，也是这些概率统计的基本知识。有人说，21 世纪的竞争是数据的竞争，谁掌握数据，谁就掌握未来。实际上，这句话是不完整的。真正掌握未来的，是掌握了数据和概率统计三大招的人。

三思小练习

1. 假设你随机找 10 个人，他们里面 1 月份生日的人多，还是 2 月份生日的人多？假设你随机找 1000 万个人，他们里面 1 月份生日的人多，还是 2 月份生日的人多？

2. 假设你随机找 1000 万个人，里面月圆那天（农历的每月十五）出生的人多，还是月亮半圆那天出生的人多？

3. 当你读到“南京市长江大桥”时，你是理解成在南京的长江大桥呢，还是理解成南京“江大桥”市长？这里面涉及的就是贝叶斯分析，其也被应用到人工智能的机器翻译里。

雨荷的大数定律

想要知道一枝荷的心情，
只需用细细的雨滴，
去试探她的悲喜。

一滴，在掌上圆润地滚动，
一滴，掉进江南的水里，
一滴，惊走翩翩的蜻蜓，
一滴，迷失于菡萏的香气。

在空蒙的雨中，
看荷的风姿，舞出你的影子。
如果，一场雨还是不够，
我就用一个雨季，
去换曲院深处的秘密。

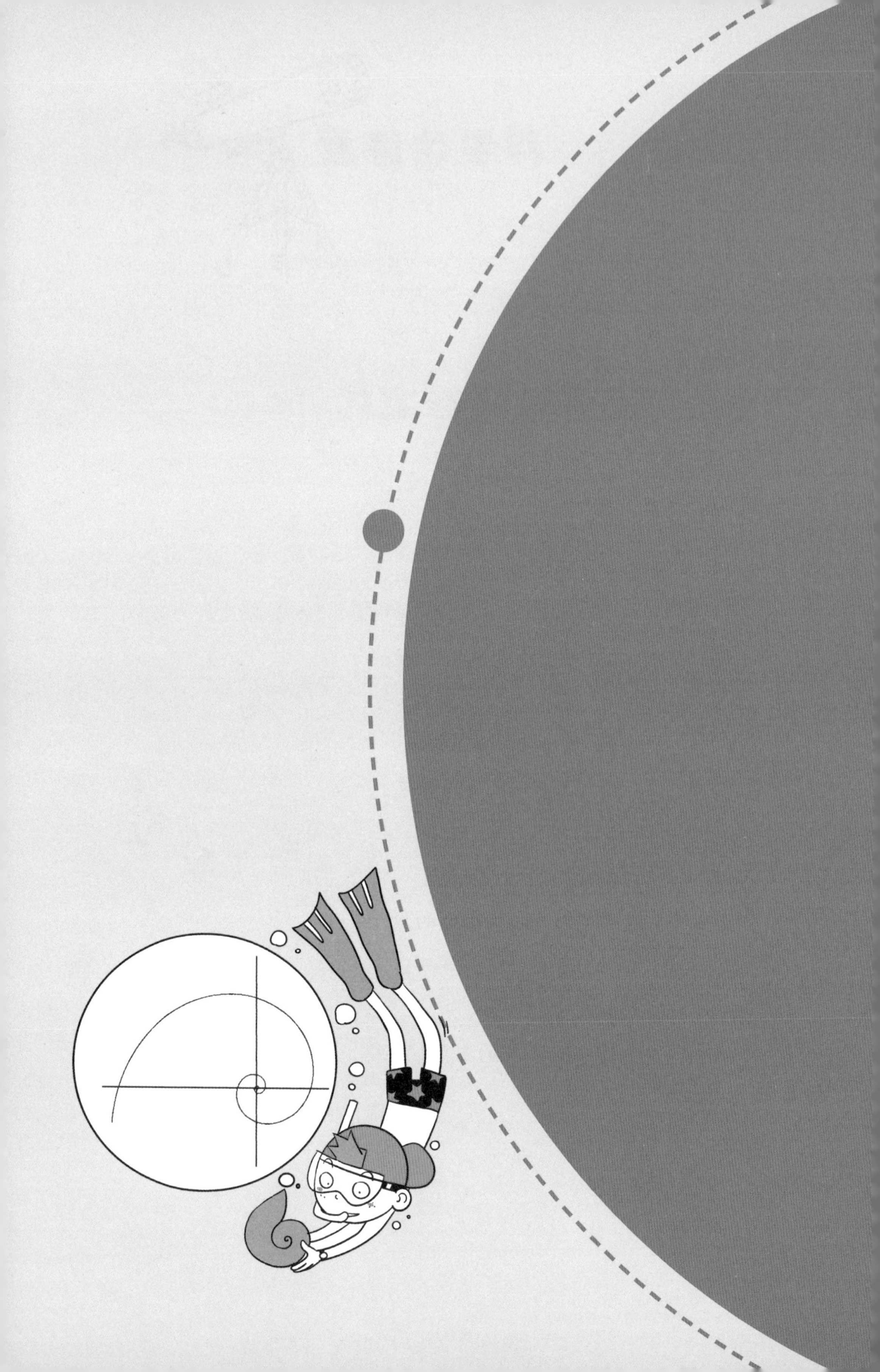

第7讲

虚的意义

——虚数和复数

五次突破

人类对于数的认识，发生过五次突破，每一次突破都让数的领域得到巨大的扩充。

一开始，人们认识的数是1、2、3、4、5、6……这些和自然界相关的数，叫自然数。

后来，**因为要分骨头、分财宝，人类有了分数的概念。这是数的领域——“数域”的第一次扩充。**我们把可以用正整数的比率表示的数，叫作“有理数”。

再后来，希帕索斯用生命换来了**数域的第二次扩充，无理数走上了数学的舞台。**

	横式	纵式	横式	纵式
132				
5089				
-704		╥		||||
-6027	⊥		=	╥

▲中国古代算筹表示正负数（个位、百位用纵式，十位、千位用横式，纵横交替出现）

等到0从印度的庙宇和墙壁上起飞，散落到各地之后，人们发现了负数，**当一个数减去更大的数时，负数出现了。这是数域的第三次扩充。**

在中国，这一次扩充却要更早一些。最早记载负数的是中国古代的《九章算术》。在算筹中规定“正算赤，负算黑”，就是用红色算筹表示正数，黑色算筹表示负数。这发生在公元 1 世纪。

与中国古代数学家不同，西方数学家更多的是研究负数存在的合理性。十六七世纪欧洲大多数数学家不承认负数是数，认为从 0 减去 4 是纯粹的胡说。直到后来，人们用它来描述现实生活中某种关系，例如债务，如果你欠了我 1 个亿，我会记录 -100000000，等你还我本金加上 10% 的利息，连本带利我就有了 +110000000。当然，我这个例子中是津巴布韦货币，而不是美元或人民币。当然，我们也可以用借橡皮举例。

数学家把前三次扩充的数域，称为“实数”，即实实在在的数，不管是正整数、分数、无理数还是负数。

这三次的扩充，也可以排列成：从正整数，到分数，再到无理数，最后到负数。

无解的方程

这一讲我们要讲的是数域的第四次和第五次扩充。

我们知道，一个数（0 除外）的平方，永远是正数，2 的平方是正 4，负 2 的平方还是正 4。所以我们理所当然地认为，只有正数才有平方根，负数是没有平方根的。

但是，数学家们在进行计算的时候，其实经常会碰到负数的平方根。我们在初中代数里就会碰到。那个时候，我们和古人一样，强制定义平方根里的数必须大于等于 0，不然就是“无解”。

法国大数学家笛卡儿，给负数的平方根起了个名字。他把这样的数称为“虚数”，即不是实实在在的数。

过了 100 多年，欧拉用一个符号“i”（英文“imaginary”，虚构的意思）来表示虚数，虽然不知道这个虚数是怎么回事，也不给它什么名分，却用得非常娴熟。

$$i^2=-1$$

$$i=\sqrt{-1}$$

$$\sqrt{-16}=4i$$

$$\sqrt{-5}=\sqrt{5}\,i$$

欧拉说：虚数是想象出来的数，是不可能存在的，它们什么都不是，纯属虚幻。

他用这个虚数，写出了数学史上最神奇的恒等式——欧拉恒等式：

$$e^{i\pi}+1=0$$

这个恒等式包含了 0、1、i、e、π，这 5 个重要的数。

这个恒等式的证明，需要用到大学的级数展开公式，我们暂且放在一边。这么神奇的恒等式，当年欧拉却是一眼就看出来了，尽管当时的人们根本不知道，连欧拉也不知道，虚数和无理数的指数运算 $e^{i\pi}$ 到底是什么意思。这就是数学被抽象化以后的厉害之处：你不用管它是什么意思，先根据已有的公理公式推导一番，看看是什么结果，说不定有很多惊喜呢。

高斯的妙思

虽然欧拉把虚数玩出了花样，但是，在欧拉那里虚数更多的是一种数学技巧。真正让虚数有实际意义的，是另一位伟大的数学家高斯（1777—1855年）。如果说欧拉是18世纪数学界的第一人，那么，高斯就是19世纪数学界的王者。高斯15岁进大学，19岁解决了千年难题——用圆规和直尺，作出正17边形，轰动了数学界。21岁的时候，他写出了名著《算术研究》，里面讨论了虚数和复数的问题。《算术研究》是现代数论研究的开端，它的出版几乎立刻使高斯赢得了“数学王子”的称号。高斯在物理上也有很多建树，你知道吗？麦克斯韦方程组里有两个方程，也叫“高斯定律”。

▲ 将虚数进行直观表达的高斯

我们来看看高斯是怎样看待这个虚数的。

虚数的直观表达

既然 $i^2=-1$，这里有一个平方运算，就暗示着：有一个数学操作，我们连做两次之后，就能得到 -1。这是非常直观而巧妙的思路，但是一般人想不到。

那么，这是一个什么样的“神操作”呢？

首先，假设有一根数轴，上面有两个反向的点：+1 和 -1。

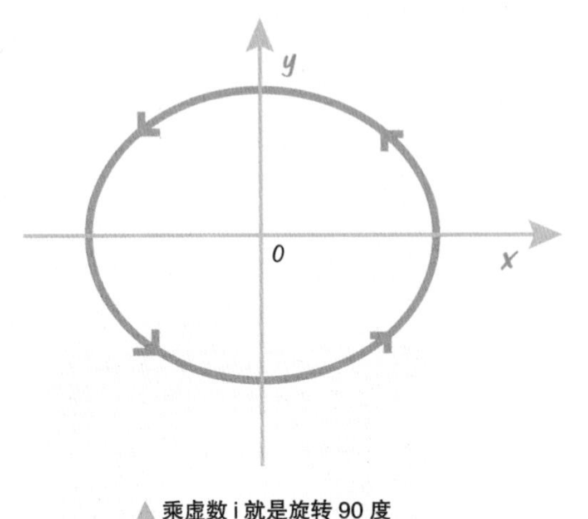

▲乘虚数 i 就是旋转 90 度

这根数轴的正向部分，可以绕原点旋转。

当逆时针旋转 180 度时，+1 就会变成 -1。对不对？

那么，什么操作连做两次，就让 +1 变成 -1，并旋转了 180 度呢？

答案揭晓了：逆时针旋转 90 度，连转了两次就是 180 度。这是一个非常大胆的视角，把旋转用数学的方式表达了出来。

因此，我们可以得到下面的关系式：

+1 逆时针旋转 90 度，再逆时针旋转 90 度得到 -1。

所以，高斯就大胆假设，虚数 i 就是“逆时针旋转 90 度”。在这里，i 不是一个数，而是一个旋转量——你有没有转晕？

$i^2=-1$，就是说：连着两次“逆时针旋转 90 度”，1 就变成了 -1。

这样，就找到了虚数的数学含义。**任何一个实数，都可以通过 90 度旋转，变成一个虚数！这就是数域的第四次扩充。**

复数的直观表达

高斯在 1831 年，更进了一步，**第五次扩充了数域：他用一个实数，一个虚数，配对组合表示一个“复数”——复杂的数，用来表示坐标系上的一个点，并用加法表记。**比如 3+5i，就是实数（横坐标）为 3、虚数（纵坐标）为 5。

这个坐标系，看着和笛卡儿坐标系一样，但是，它代表了一个“复数的平面”，里面的每一个点，都是一个复数，由实数部分和虚数部分构成：$a+bi$。

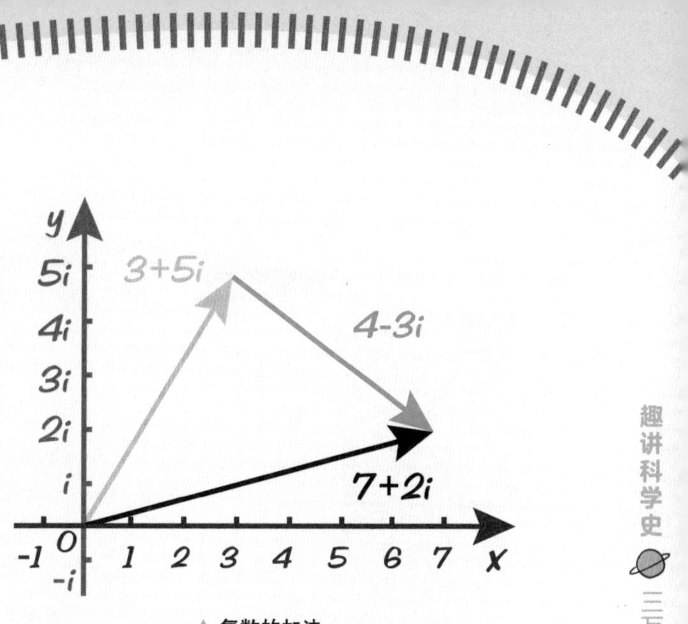

▲复数的加法

前三次扩充的数域，只是这个平面上一维的横坐标轴，一根线。复数，把数域一下子推广到了二维的平面。

这个复平面上的每一个点，从原点到它的点位置画一根线，就代表了一个有方向性的量，叫作“矢量”。这种表示法，在物理上非常有用。

比如，物理学需要计算“力的合成”。假定一个力是 3+5i，另一个力是 4−3i，请问它们的合成力是多少？

你把实数部分加起来，虚数部分加起来，马上得到合成力就是 (3+5i)+(4−3i) = (7+2i)。

复数运算的方法，在力学、电磁学中有非常广泛的应用。麦克斯韦方程组里面的电磁场强度，就是用复数表示的。

从正整数，到分数、无理数、负数、虚数和复数，人类的视野越来越广，对数的理解也越来越全面、深入。

四元数和八元数

那么，复数是不是包括所有的数？复数之外还有数吗？

答案：不是。还有四元数。

四元数是由英国数学家哈密顿（1805—1865 年）在 1843 年发明的数学概念。

复数是由实数加上虚数单位 i 组成，相似地，四元数都是由实数加上三个虚数单位 i、j、k 组成，四元数一般可表示为 $a+bi+cj+dk$，其中 a、b、c、d 是实数。

◀ 1843 年 10 月 16 日，哈密顿在桥上散步时灵感一闪，得到了四元数乘法的公式。后人在桥上刻石纪念。

如果把四元数的集合考虑成多维实数空间的话，四元数就代表着一个四维空间，而复数仅仅表示二维空间。

四元数在计算机图形处理方面，特别是旋转处理方面，有很大的优势。那些好莱坞电影的特技中，就用到了四元数的处理。

在四元数之外，还有八元数、十六元数。八元数在弦理论、狭义相对论和量子逻辑中有应用。剑桥大学的数学物理学家科尔·福瑞（Cohl Furey）正在寻找粒子物理标准模型和八元数之间的联系。

只要人类探索的脚步一直不停下来，人类的想象力不被束缚住，数的领域就还可以被不断拓宽。而少年时的你，可能就是破冰拓荒的人。

三思小练习

1. 在复数平面上找到两个点：3 和 4i。

2. 再找到一个点 3+4i，看看这三个点是什么关系，这样你就理解了复数加法的含义。

科学也诗意

数学之思

如果刻痕分不出深浅，
所思所念该如何渲染？
如果以零为源，每一个数找到命中定位，
蝴蝶的解析，能否捕获混沌的命运之线？
不可说转，是无法抵达的远。

在尺规之间，我步步谨守，
绕着一生走不出的圆。
每一步的微分，越来越接近月色的真相。
在方程两端，再多的平衡和相契，
都无法越过等式相见。

把天涯的风，纳入狂草的凌乱。
烟雨的缥缈中，一笔飘逸的回旋，
实和虚都是水墨笔法的显现。

看黎曼在宇宙的坐标中猜想，
空间是一幅留白太多的画，
时间是一首峰回路转的诗篇。

而我必须承认，
概率是唯一可识别的印鉴。

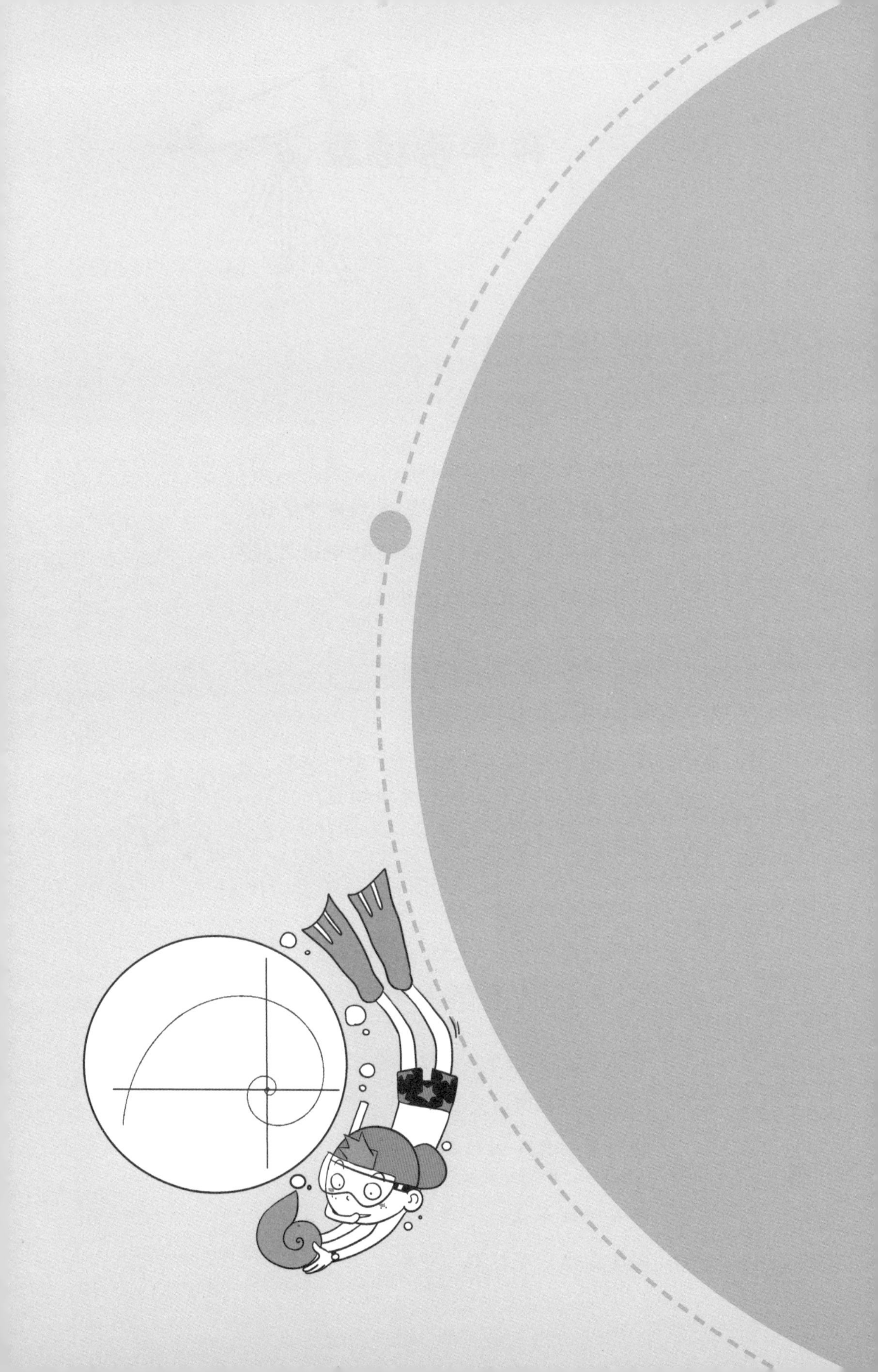

第8讲

平行线不再是唯一

——非欧几何

欧几里得的局限

我们在讲到欧几里得几何的时候，说到过前四条公设都非常简单，没有人会怀疑它们。但是第五条公设，文字叙述显得冗长，而且不那么显而易见：

如果同一平面内一直线同另外两条直线相交，同一侧的两内角之和小于两直角，则两直线无限延长时，必在这一侧相交。

科学崇尚简单，当一个假设比较复杂时，这里面或许有什么蹊跷。后来有不少科学家，都对这条公设非常疑惑。他们有两个问题：

第一个问题：能不能找到更简单的描述？

第二个问题：这条公设是否真的必要？能不能由其他的公设把它推导出来？

▲鲍耶和罗巴切夫斯基

为此，数学家们忙碌了 2000 多年！

在这个过程中，人们找到了这条公设的等价命题。1795 年，英国数学家普莱费尔提出了一条等价的第五公设：

过直线外一已知点，能作一条且只能作一条直线，平行于已知直线。

此外，还有“任何一个三角形内角之和，等于两个直角”。

但是，对第二个问题的研究结果却是：没有人能由其他九个公设公理把它推导出来。第五公设是独立于其他假设的。

在 19 世纪中叶，有两位数学家却另辟蹊径，他们大胆设想：既然没办法证明它，看着又很奇怪，那么，能不能假设它不对呢？或者把它替换掉？

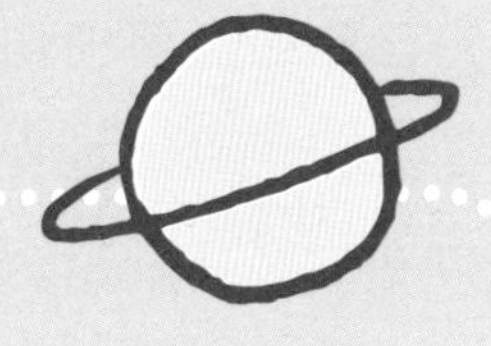

三道斜杠的数学家鲍耶

其中的一位叫鲍耶（1802—1860 年），是匈牙利的数学家。这位在数学史上留下大名的人物，简直是数学家里的异类。他是位语言天才，会 9 种语言，其中包括中国的汉语和藏语。他是奥地利的一名军官，曾经有 13 位军官和他打斗。他提出了一个条件，让挑战者一个个地来，中间休息的时候他还要拉小提琴。结果这 13 位挑战者居然都败在他手下，真有“谈笑间樯橹灰飞烟灭”的感觉。

他父亲也是一位数学家和教授。老鲍耶也曾经对第五公设感兴趣，年轻时花费了大量的时间研究它。但他受到了很大的挫折，后来就去写诗和剧本，以寻安慰。一不留神，他的剧作《一个爱国者写的五部悲剧》获得成功。

当知道自己的儿子也对此着了迷时，他告诫小鲍耶不要在这上面耗费时间，因为它可能“吞没一千个牛顿这样的天才”。但是，把 13 名军官打趴下的小鲍耶怎么可能听劝告，他说：“我要白手起家，创造一个奇怪的新世界。”

罗巴切夫斯基的双曲面

还有一位是俄罗斯的数学家，叫罗巴切夫斯基（1792—1856 年）。他于 1816 年前后开始研究第五公设，起初也试图证明它，后来却果断地放弃了这种尝试。

鲍耶和罗巴切夫斯基做了非常大胆的事，他们把第五公设改掉了，石破天惊地提出了“过直线外一点，能至少作两条直线与其平行不相交”。

对，不是一条，而是至少两条。这怎么画啊？

这对“数学圣经”《几何原本》是荒谬绝伦的背叛。

他俩想象，在一个花瓶的表面有一条直线，你可以画几条直线，都不和这条直线相交！在花瓶的平面世界里，不相遇，并不止一个结局！这个花瓶的面，是一种被称为双曲面的平面。

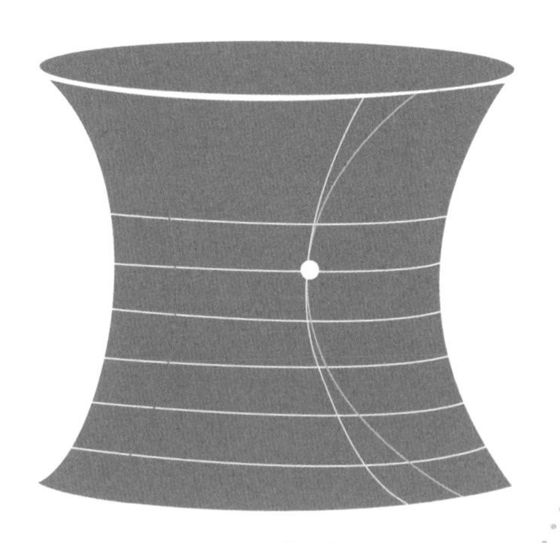

▲ 双曲几何

这种“想象出来的几何”，一下子让数学界“炸了窝”。

学术界把他们都当成疯子。

作为专职军人，不怕打架的鲍耶对非议还可以淡然处之，但是，作为大学数学教授的罗巴切夫斯基，却因此丢掉了教授和大学校长的职务，急瞎了双眼，64 岁就郁郁而终。

直到罗巴切夫斯基死后 12 年，他的理论才被数学界证明是没有矛盾的。

荷兰艺术家埃舍尔有一幅版画《圆极限 III》，体现了双曲几何的特征，我们看到上面每一条线都是曲线，但是，它们在曲面上，却都是直线。而且，过直线外一点，可以画很多条直线与之不相交（平行）。

▲埃舍尔的版画《圆极限Ⅲ》

黎曼的球面

▲黎曼

1852年，又一位伟大的数学家出现了，他就是高斯的学生，德国的数学家黎曼（1826—1866年）。他在28岁时做了一个学术报告，修改了第五公设：

过直线外一点，找不到一条直线与其不相交（平行）。

这简直是大胆。

但是，如果你想象一下在地球上，两条经线会在南极北极相交，就能理解黎曼的说法了。他的新第五公设在球形曲面上是成立的。

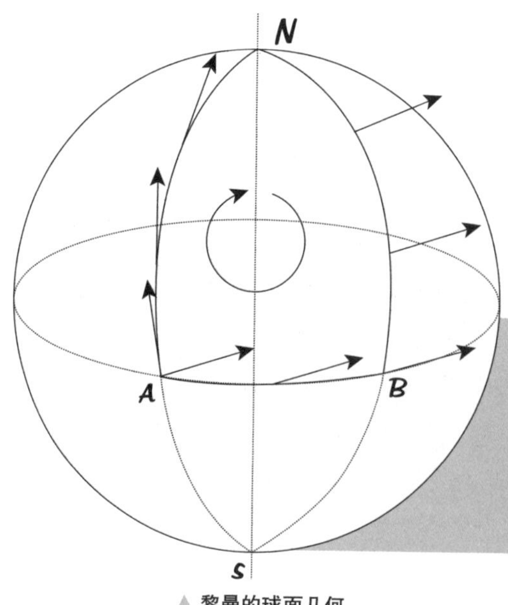

地球上的每一条经线都和赤道垂直，但是，它们不平行，都在南北极相交(在欧氏几何中，如果两条直线都和同一条直线垂直，那么这两条直线是平行的)

▲黎曼的球面几何

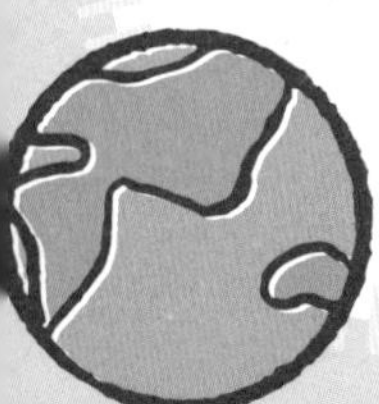

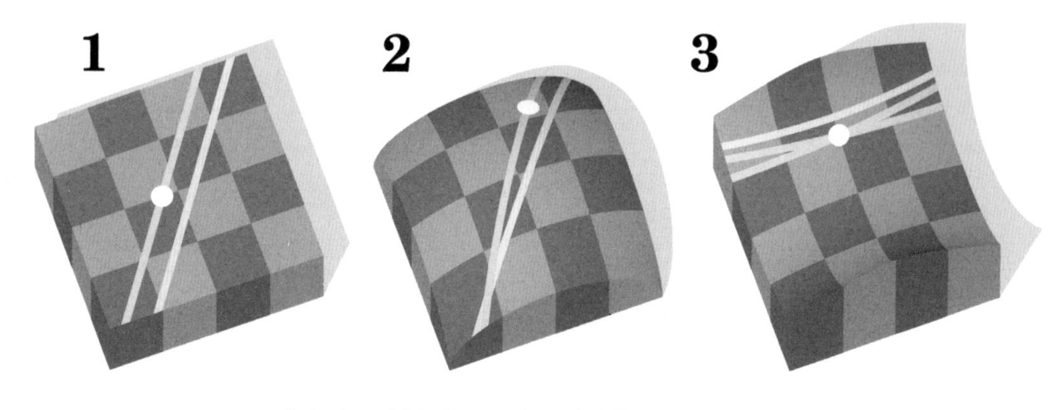

▲欧氏几何、黎曼几何、罗氏几何中的第五公设（平行线公设）

欧几里得说，只有一条平行线。

罗巴切夫斯基和鲍耶说，至少两条。

黎曼说，没有。

他们居然都是对的，而且居然都能自圆其说。还有更精彩的：

在欧几里得几何里，三角形的内角和等于 180 度。

在罗巴切夫斯基几何里，三角形的内角和小于 180 度。

在黎曼几何里，三角形的内角和大于 180 度。

罗巴切夫斯基几何和黎曼几何，这两种不同于欧几里得几何的学说，被称为“非欧几何”。

在“非欧几何”的创立过程中，还有一个人的身影，就是黎曼的老师高斯。高斯是真正预见到“非欧几何”的第一人。他在 1816 年左右，就对非欧几何有了比较明确的认识。但是，高斯是个十分小心谨慎的人，对于发表自己的研究成果有非常严格的要求。他曾说：“宁可发表少，但发表的东西是成熟的成果。”所以，很多他认为不是很成熟的成果，都记在小本子上。而当高斯在看到小鲍耶的论文时说：“我不能赞扬你，因为赞扬你就是赞扬我自己。”他很多年前已经在小本子上对此有过研究，只是没有那么完善。

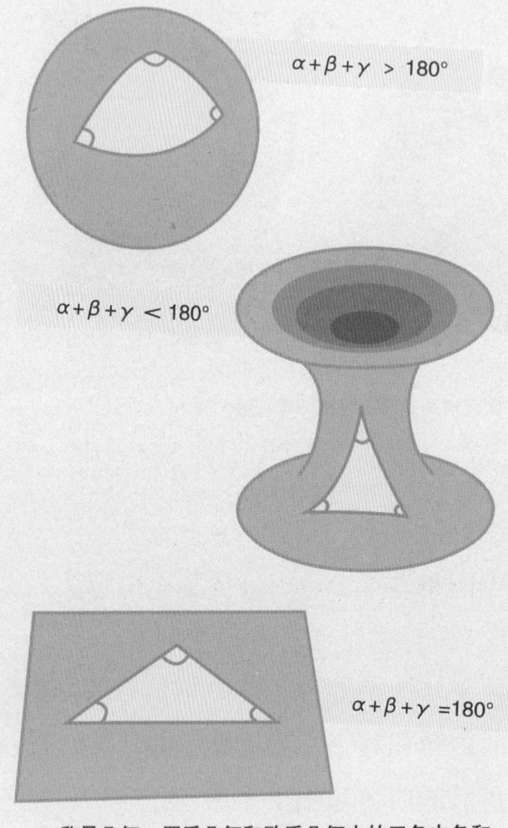

▲ 黎曼几何、罗氏几何和欧氏几何中的三角内角和

很有意思的是，高斯是老鲍耶的铁哥们，是罗巴切夫斯基的师叔，也是黎曼的老师。三个非欧几何的发明人，都是他后一辈的弟子。按照高斯严谨的性子，他考虑过、研究过、没有发表过，还真是非常可能的。而且，这样的例子非常多，以至于数学史上有人发表新的发现，只要高斯说他曾在小本子上推导过，大家都会相信。这是高斯才能享受的“王者荣耀”了。

黎曼几何与相对论

在爱因斯坦广义相对论中的空间几何，就是黎曼几何。在广义相对论里，爱因斯坦放弃了关于时空均匀性的观念，他认为时空只在充分小的空间里是近似均匀的，是欧几里得几何，但是，整个时空是不均匀的，是弯曲的。爱因斯坦在物理学中的这种解释，恰恰和黎曼几何的观念是相似的。这也正是黎曼数学在现代物理和宇宙学里的

重大作用。他在数学界的地位，随着时间的推移，越来越高了。本来史上大家公认的四大数学家分别是阿基米德、牛顿、欧拉和高斯。现在有越来越多的人，把黎曼拔到了与这四位同样的高度。

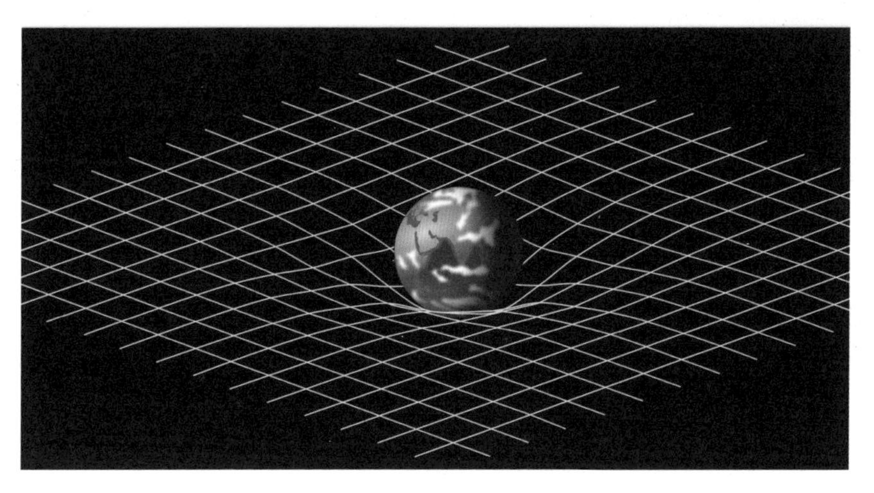

▲ 黎曼几何和爱因斯坦的时空观

非欧几何的大解放

非欧几何的发现，是几何学的一次重大革命，也是数学思想的一次大解放。在19世纪之前，数学始终与应用紧密结合在一起。数学不能离开实用学科而独立发展，研究数学的目的是解决实际问题。但是，**非欧几何第一次使数学的发展领先于实用科学，超越人们的经验。**就是说，数学可以研究现实生活中不存在的对象，作出与现实相矛盾的假设。它可以独立于现实，存在于人们的想象。一旦走出了这一步，数学的天地就无限宽广了。

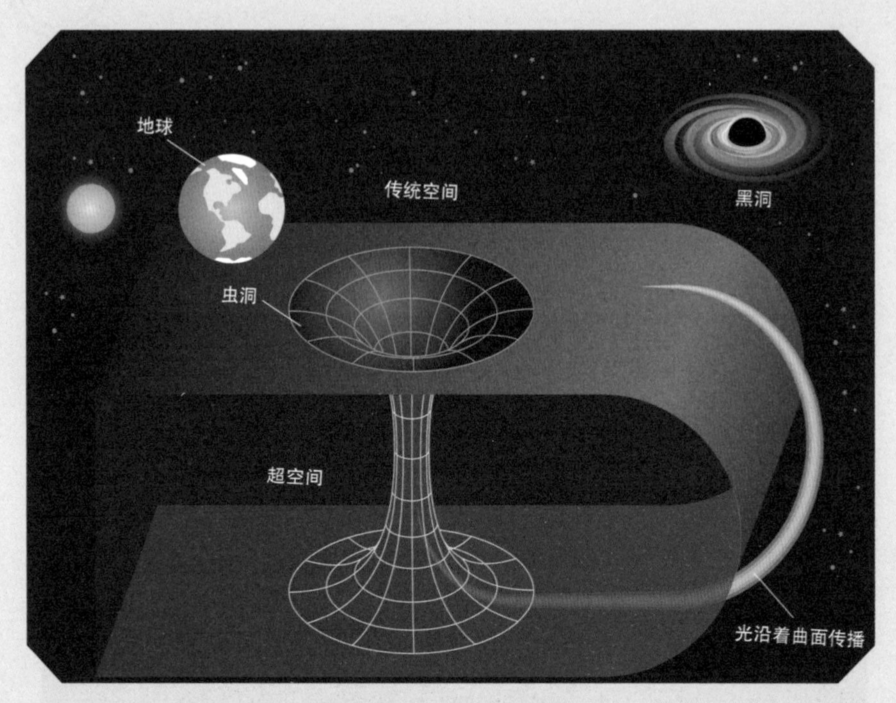

▲想象出来的虫洞和引力场空间

三思小练习

1. 在地球仪上画一个三角形，看看 3 个角的和是不是 180 度。

2. 在花瓶的颈部画一个三角形，看看 3 个角的和是不是 180 度。

3. 在花瓶的颈部画两条上下方向的平行线，看看是什么样的。

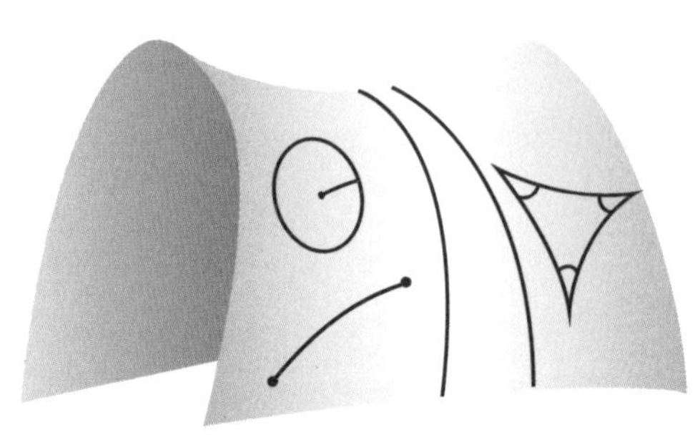

在这个双曲平面上，两点间最短的距离是一段双曲线，圆的周长 >2πr，在某个局部平行的两条直线最终会发散，三角形的内角和小于 180 度

罗氏几何

在青花的瓶颈，
在月色里，攀缘而上，
不近不远地试探，
不即不离地远视。

两枝青藤不知道，
它们的今生，永不相遇，
——这样的结局，并不是唯一。

黎曼几何

以为努力平行，
就可以远离，
可以永不相见。

等到了极点才发现，
这一次终究无法躲避，
——有人称它为老去。

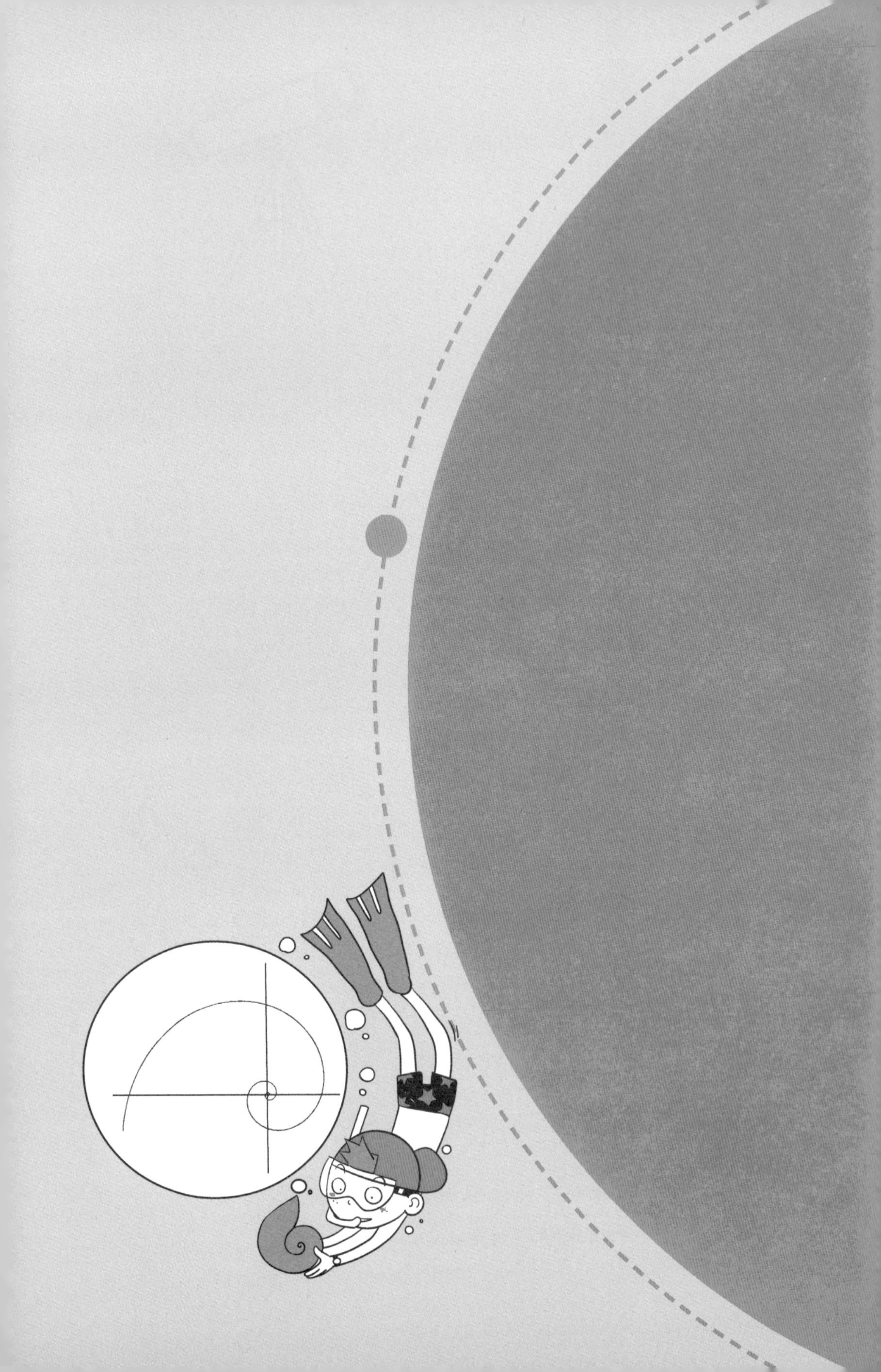

第9讲

数学简史

——从一到九

我们从一到九，总结一下《三万年里的数学》出现过的故事、知识和人物。有的简单提到过，有的详细介绍过，还有的需要在这里补充完整。

下面让数学简史里的精彩在这里齐集，一一“安可”（encore）：

一本正经，两个鬼才（全才），

三处危机，四绝高手，

五次松绑，六式难忘，

七大难题，八伯努利，

九章算术，趣味十足。

（一）

“一本正经”，讲的是数学第一奇书——欧几里得的《几何原本》。

它的公理化结构、对逻辑推理的训练，影响了笛卡儿、牛顿、爱因斯坦等后来的无数科学家。据统计，人类历史上印刷量最大的书，第一是《圣经》，第二是《几何原本》。

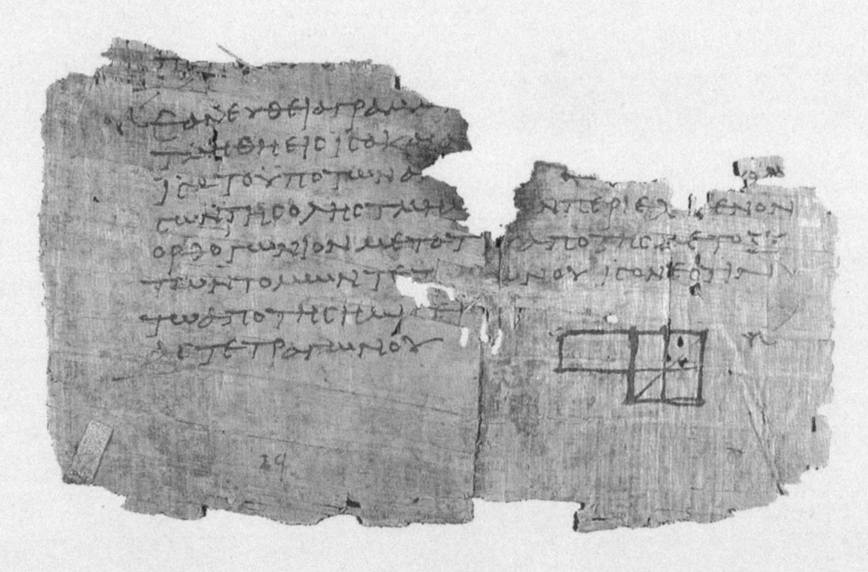

▲《几何原本》

但非常遗憾的是，我们对于平面几何的教学，大多直奔解题证明而去。对于它如何从五大公设、五大公理，一步一步按照逻辑推理从而构建出几何的"大厦"，这样的科学过程和训练，却了解得不多，也重视不够。而这些，恰恰是历史上那些伟大的科学家从《几何原本》中获益最大的地方。

我们在讲到《几何原本》时，把它比作金庸小说《射雕英雄传》里的《九阴真经》。如果只顾技巧和解题，忘了大纲和公理，就像小说里的梅超风练"九阴白骨爪"一样，练偏门了。

科学思维训练，从《几何原本》开始！

（二）

"两个鬼才"是伽罗瓦和拉马努金。他们就像《三国演义》里的郭嘉，有天马行空的想法，有神出鬼没的本领，更有英年早逝的遗憾。

伽罗瓦 1811 年 10 月 26 日生于巴黎附近，从 16 岁起，就致力于高次方程解法的研究。花剌子米在公元 800 多年开始用代数来解一元二次方程。在此后 1000 年，数学家们才解决 3 次、4 次、5 次方程的问题，进展缓慢，解法烦琐。

▲伽罗瓦

▲拉马努金

伽罗瓦在 18 岁时提出了极富创新性的群理论，超越了时代。他把论文送给法兰西科学院，很多审稿的大科学家都看不懂。

1832 年 5 月 31 日，伽罗瓦在与一个军官决斗时饮弹身亡。不满 21 岁的天才数学家，像一闪而过的星星陨落了。这是数学史上最悲剧的一个春天。他如果认识非欧几何的发明人、数学界“武功”第一高手鲍耶就好了。

这是他临死前一晚在纸上匆匆写下的文字：“跳出计算，群化运算，按照它们的复杂度而不是表象来分类。我相信，这是未来数学的任务。这也正是我的工作所揭示出来的道路。” 伽罗瓦的群理论，是近代数学的伟大成就，并且在几何学、物理学、化学等许多科学技术领域有广泛的应用。

拉马努金，1887 年 12 月 22 日出生于印度，是印度在过去 1000 年中最伟大的数学家。

拉马努金有着很强的直觉洞察力，虽未受过严格数学训练，却独立发现了近 3900 个数学公式和命题。他经常宣称娜玛卡尔女神在梦中给他启示，早晨醒来就能写下不少数学公式和命题。他所预见的数学命题，日后有许多得到了证实。比如，比利时数学家德利涅在 1973 年证明了拉马努金 1916 年提出的一个猜想，因此获得了 1978 年的菲尔兹奖。

和拉马努金亦师亦友的著名英国数学家哈代，曾经煮酒论天下英雄：在数学天赋上他给自己 25 分，李特尔伍德 30 分，当时数学界的领军人物希尔伯特 80 分，拉马努金则是 100 分。哈代受到的冲击是：一个受过最优秀教育的自负的 20 世纪数学家，被不知从哪里穿越来的门外汉给打败了！天赋，神秘，打败了逻辑！哈代碰到的才是真正的“无理数”。

1920年4月26日，拉马努金病逝于马德拉斯，年仅32岁。他身后留下了一份使人着魔的、深奥的数学遗产，其中包含了大量没有被证明的公式和命题——你有没有兴趣找一个来证明一下？万一证明了呢。

说了一对鬼才，我们再来说一对全才。

▲希尔伯特和庞加莱

大卫·希尔伯特（1862—1943年），德国著名数学家。他是爱因斯坦的老师闵可夫斯基的好友，也是被拉马努金的师友哈代打了80分的那位。

他被称为“数学界的无冕之王”，是天才中的天才。他领导的数学学派，是19世纪末20世纪初数学界的一面旗帜。在高中的数学里还看不到希尔伯特的名字，等上了大学，你就会发现很多术语名词和希尔伯特相关，甚至连空间都是希尔伯特空间了。

1900年8月8日，希尔伯特在巴黎第二届国际数学家大会上发表了题为“数学问题”的著名讲演，提出了23个最重要的数学问题。这23个问题被统称为“希尔伯特问题”，后来成为许多数学家力图攻克的难关，对现代数学的研究和发展产生了深刻的影响。“希尔伯特问题”中有些已得到圆满解决，有些至今仍是谜题。他在讲演中表达的相信每个数学问题都可以得到解决的信念，对数学工作者是一种巨大的鼓舞。1930年，他再次满怀信心地宣称：“我们必须知道，我们必将知道。”他去世后，这句话就被刻在了他的墓碑上。

亨利·庞加莱(1854—1912年)，法国数学家、天体力学家、物理学家、科学哲学家。

他被公认为19世纪末和20世纪初的领袖数学家。庞加莱在数学方面的杰出工作对 20 世纪和当今的数学有极其深远的影响。庞加莱是一个数学全才，在数学所有分支领域造诣都很深厚。除了是一名数学家，庞加莱还是一位影响深远的物理学家，受惠于他的后人中，包括当时正致力于完善狭义相对论的爱因斯坦。

庞加莱有一句名言：数学家是天生的，而不是造就的。在数学这个比拼天才的领域，这话透着霸气。

（三）

▲罗素

“三处危机”是指数学史上的三次危机。前两次分别是无理数和极限，我们已经讲过。第三次是罗素的“理发师悖论”。

罗素（1872—1970 年），英国哲学家、数学家、逻辑学家、历史学家和文学家。他研究了集合论中的基本论点，然后提出了一个悖论：

在某个城市中有一位理发师，他的广告词是这样写的：“本人的理发技艺十分高超，誉满全城。我将为本城所有不给自己刮脸的人刮脸，我也只给这些人刮脸。我对各位表示热诚欢迎！”来找他刮脸的人络绎不绝，自然都是那些不给自己刮脸的人。可是，有一天，这位理发师从镜子里看见自己的胡子长了，他本能地抓起了剃刀。你们看他能不能给他自己刮脸呢？如果他不给自己刮脸，他就属于“不给自己刮脸的人”，他就要给自己刮脸。而如果他给自己刮脸呢？他又属于“给自己刮脸的人”，他就不该给自己刮脸。理发师这才发现，刮个脸居然这么不容易。

罗素的这条悖论使集合论产生了危机。它非常浅显易懂，而且所涉及的只是集合论中最基本的东西。所以，“罗素悖论”一提出就在当时的数学界与逻辑学界引起了极大震动，最后促使集合论得到了进一步的完善。

罗素在 78 岁的时候，凭借《西方哲学史》获得了当年的诺贝尔文学奖。真正应验了那句话：不想拿诺贝尔文学奖的数学家不是好理发师。

数学史上的每一次危机，最后都转危为安。无理数危机，让数域进一步得到了扩充；极限危机，使得微积分的基础更加结实；而理发师悖论，使得集合论进一步完善。危机，是一种休克状的批评，每次危机过后，数学都走向更加强大。

（四）

“四绝高手”是指历史上最伟大的 4 位数学家“东欧，西牛，北高，南基”：

阿基米德，前 287—前 212 年，古希腊人。

牛顿，1643—1727 年，英国人。

阿基米德

牛顿

高斯

欧拉

▲四大数学家

欧拉，1707—1783年，瑞士人，但是在俄国生活、工作了31年。

高斯，1777—1855年，德国人。

当然，所有的排名，都会引起争议。数学家中，还有4位并不亚于以上“四绝”。他们是：

欧几里得，公元前300年左右，古希腊人。

笛卡儿，1596—1650年，法国人。

莱布尼茨，1646—1716年，德国人。

黎曼，1826—1866年，德国人。

这4位也可以按照方位，排成“东莱，西笛，北黎，南得”。

（五）

“五次松绑”是指数域的五次扩充。从正整数，到整数，到有理数，到实数，到复数。人们对于数的认识，越来越广，越来越深入。

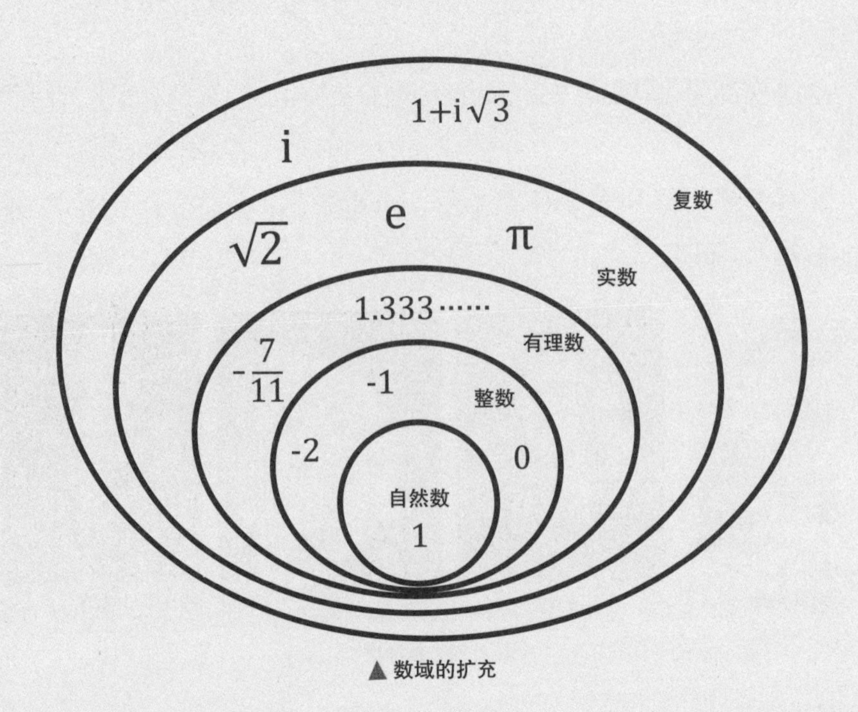

▲数域的扩充

在英文里有一个有趣的段子是关于虚数i和无理数π的，很多理工科的学生喜欢印在T恤衫上。

无理数π对虚数i说：get real！（还是实在些吧！）

虚数i对无理数π说：be rational！（讲点儿道理吧！）

听了这个段子，你是要实在些，还是要讲点道理呢？

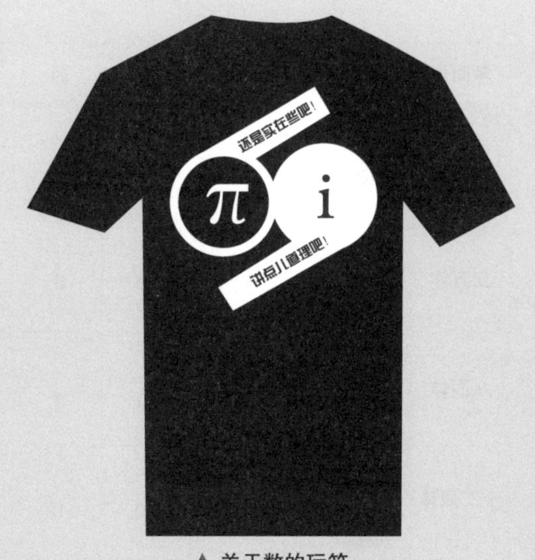

▲关于数的玩笑

（六）

数学史上最著名的公式排名、最美的公式等式排名，有各种版本，但是，很多排名里包含了物理学的公式，如质能公式、麦克斯韦方程等。这里列出的6个公式，都是数学方面的，而且是从小学到高中可以理解掌握的公式。

前5个都介绍过：

$1+1=2$

这是人类计数的开始。

圆周长 $=2\pi r$

人类发现圆周率是一个常数。

$a^2+b^2=c^2$

这是毕达哥拉斯定理，是几何的奠基石。

$0.999999\cdots\cdots=1$

这是柯西定义的极限，让微积分更加严密。

$e^{i\pi}+1=0$

多面体	图形	顶点	边	面	欧拉特性
四面体		4	6	4	2
立方体		8	12	6	2
八面体		6	12	8	2
十二面体		20	30	12	2
二十面体		12	30	20	2

这是欧拉恒等式，把 0、1、i、e、π 这 5 个重要的数都包含了进来。

第六个最著名的公式是多面体欧拉公式，历史源远流长。最早猜测到多面体欧拉公式的是笛卡儿。但是，他没有证明。后来，欧拉重新发现了这个公式，并第一次证明了这个公式，所以把这个公式称为多面体欧拉公式。多面体的顶点数 V、边数 E 和面数 F，满足下面的关系：

$V-E+F=2$

我们来看一个立方体，它有几个面？前后上下左右 6 个面，对吧？有几个顶点？ 8 个。有几条边？数一数，12 条。你看这三个数之间有什么关系？ 8-12+6=2。

大家可以找一些多面体验证一下这个公式。

在 1900 年希尔伯特公布 23 个数学难题之后 100 年，2000 年初，美国克雷数学研究所选定了 7 个“千年大奖问题”，建立 700 万美元的大奖基金，每个“千年大奖问题”的解决者都可获得 100 万美元的奖励。

▲ 千年大奖问题，佩雷尔曼，庞加莱

克雷数学研究所“千年大奖问题”的选定，其目的不是形成新世纪数学发展的新方向，而是集中了数学家们期待解决的重大难题。

这 7 个问题中，现在有一个已被解决，还剩 6 个。被解决的是全才庞加莱的一个猜想，是由俄罗斯数学家格里戈里·佩雷尔曼破解的。在佩雷尔曼之后，先后有 2 组研究者发表论文补全佩雷尔曼给出的证明中缺少的细节。其中就有华人数学家田刚。

2006 年 8 月，第 25 届国际数学家大会授予佩雷尔曼菲尔兹奖。数学界最终确认，佩雷尔曼的证明解决了庞加莱猜想。

这 7 个问题中，有一个和华人科学家杨振宁有关——杨 - 米尔斯缺口。杨振宁和米尔斯都是理论物理学家，他们的物理成果“杨 - 米尔斯方程”，被誉为 20 世纪下半叶最重要的理论物理成就，是现代规范场理论的基础。有很多人甚至认为，这个方程比杨先生荣获诺贝尔物理学奖的成果“宇称不守恒”还要伟大。如果在数学上证明“质量缺口假设”，就能解释电子的质量从何而来。

当今数学界最重要并且是数学家们最期待解决的数学猜想，是黎曼提出来的假设。它是唯一一个同时出现在七大难题和 23 个“希尔伯特问题”中的问题。据说有人曾经问希尔伯特：如果你能在 500 年后重返人间，你最想问的问题是什么？他回答说，最想问的就是“是否已经有人解决了黎曼猜想”。

之前提到过的英国著名数学家哈代，曾经研究过黎曼猜想，得到过一些成果。但是，为什么拉马努金这样的天才没有去碰黎曼猜想呢？或许，最伟大的天才是要自己提出猜想的，而不是去证明别人的猜想——当然，这仅仅是我的猜想。

（八）

“八伯努利”指在三代人当中诞生了 8 位了不起的数学家的伯努利家族。之前雅各布·伯努利曾在复利计算、对数螺旋和概率论中出镜。

伯努利一家祖上出过很有名的医生，也出过生意做得很大的香料商人，还出过艺术家。到了尼克劳斯·伯努利这一代，他很希望让自己的孩子学习神学，或者干脆跟着自己做生意。但是他的两个儿子，一个叫雅各布，一个叫约翰，偏都不满足他的心愿，他们俩都特别喜欢数学。

这两兄弟学数学不要紧，没想到连带着他们的后代，也开始热衷于数学，最后，三代里面有 8 位有名的数学家出现，以至于江湖传言：伯努利一家的人，碰到数学，就像酒鬼碰到烈酒。

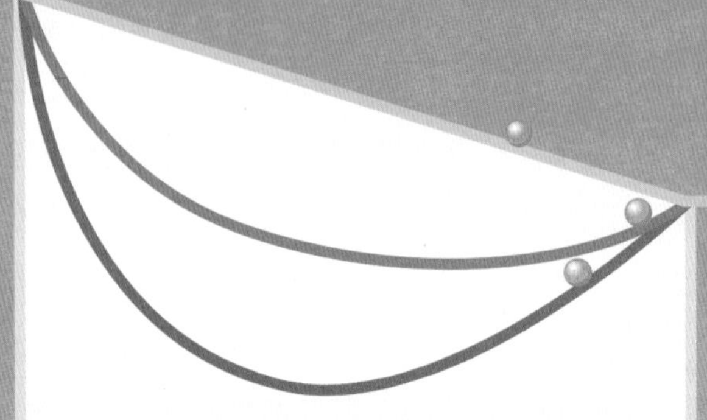

▲约翰·伯努利

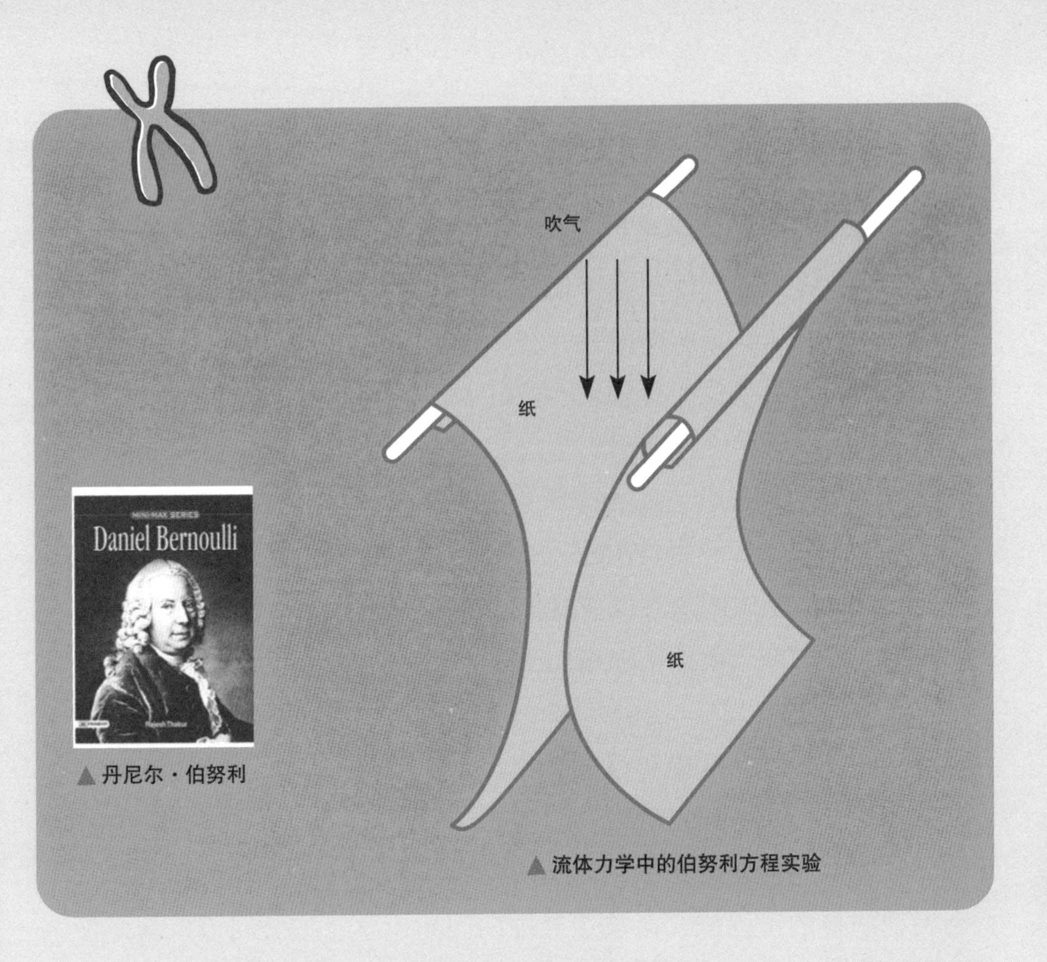

▲丹尼尔·伯努利

▲流体力学中的伯努利方程实验

雅各布的弟弟约翰·伯努利，觉得自己很“牛”。他用“求解最速降低线”来挑战全欧洲的数学家，当然也包括当时已经年老的牛顿——廉颇老矣，尚能饭否？

这个“求解最速降低线”，是困扰数学家近200年的难题。在一个斜面上，摆两条轨道，一条是直线，一条是曲线，起点高度以及终点高度都相同。两个质量、大小一样的小球同时从起点向下滑落，那么，哪一条更快呢？伽利略在1630年研究了这个问题，当时他认为应该是直线最快，可是，后来人们发现这个答案是错误的。曲线上的小球反而先到终点。这是由于曲线轨道上的小球先达到最高速度，所以先到达。然而，两点之间的直线只有一条，曲线却有无数条，哪一条才是最快的呢？伯努利解决了这个问题，这条最速曲线就是一条摆线，也叫旋轮线。

牛顿接到伯努利的挑衅之后，一夜之间就把问题解决了：不仅能“饭饭”，还能“牛牛”！

丹尼尔·伯努利是约翰·伯努利的儿子。

他在1726年首先提出：“在水流或气流里，如果速度小，压强就大；如果速度大，压强就小。”我们称之为“伯努利原理”。

这个原理是怎么回事呢？

我们拿着两张纸，往两张纸中间吹气，会发现纸不但不会向外飘去，反而会被一种力挤压在一起。

因为两张纸中间的空气被我们吹动，速度快，压强就小，所以，外面压强大的空气就把两张纸“压”在了一起。这就是“伯努利原理”的简单示范。

这个原理在生活中有很多应用。在列车站台上都画有黄色安全线。这是因为列车高速驶来时，靠近列车车厢的空气被带动而快速运动起来，压强就减小。站台上的旅客如果离列车太近，身体前后会出现明显的压强差，会被空气推向列车。学了伯努利原理后，下次等列车，再也不敢跨过那条黄线了吧？前方高能，小心伯努利。

丹尼尔·伯努利和欧拉是很哥们儿的师兄弟，曾经一起在俄国工作过很多年。两人一不留神合作研究出了欧拉－伯努利梁方程，一个关于工程力学、经典梁力学的重要方程。在19世纪，这条方程成为第二次工业革命的基石。

（九）

《九章算术》是中国古代第一部数学专著，成书于公元1世纪左右。其作者已不可考。《九章算术》内容十分丰富，全书总结了战国、秦、汉时期的数学成就，在数学上有独到之处，不仅最早提到分数问题，还阐述了负数，是当时世界上最简练有效的应用数学著作。

《九章算术》的出现标志着中国古代数学形成了完整的体系。

有人将《九章算术》中的一道古题编成诗歌形式，具体如下：

肩扛竹竿欲进城，江洲之北矩形门，

横量尚多四尺余，竖立仍有两尺剩。

对角斜举缓缓过，所幸堪入不留痕。

请问门宽高几何？竹竿几尺又几寸？

根据题意列出一元二次方程，设竿长 x 尺，有

$(x-4)^2+(x-2)^2=x^2$

$x=10$

竹竿长10尺，城门高8尺、宽6尺。正是“勾三股四弦五”的两倍。

《九章算术》还载有一个题，是二元一次方程组，有人写成古诗:

八臂一头号夜叉，三头六臂是哪吒。

两处争强来斗胜，不相胜负正交加。

三十六头齐厮打，一百八手乱相抓。

旁边看者殷勤问，几个哪吒几夜叉？

设有夜叉 x 个，哪吒有 y 个，则有

$x+3y=36$

$8x+6y=108$

解得 $x=6$，$y=10$。

有 6 个夜叉，10 个哪吒。

看看，这是近两千年前的中国古人就能解答的数学问题。骄傲一下吧！

这个数学系列，从万年前人类的刀刻计数，到无理数、几何、代数、解析几何、复数，一直讲到微积分和概率论，涉及大学之前的主要数学常识。

数学，在我们的日常生活中无处不在。从某种程度上讲，毕达哥拉斯学派的“万物皆数”是成立的。大到宇宙运行、地球旋转，小到你的心跳和呼吸，都可以抽象成一个个数。

如果你能从这本书中，领略到数学的美，你会发现世界在数字构建下，是这样有条不紊，你也拥有了更了解和看清世界的能力。这种数学的思辨和推理，将陪伴、呵护和指引你一生。

三思小练习

1. 引起第三次数学危机的罗素悖论有多个不同形式，比如：我说的每句话都是谎话。你能不能也找出一个类似的悖论例子？

2. 关于 i 和 π 的段子好玩吧？你能不能想出欧拉恒等式里另外 3 个数的对话？想好后告诉其他人，看他们赞不赞成。

3. 家里有积木玩具的同学，可以试验一下，看看图中的车子沿着哪一条轨道下来花的时间最少。这就是当年伯努利挑战几十位科学家的难题。

数学之思

如果刻痕分不出深浅，
所思所念该如何渲染？
如果以零为源，每一个数找到命中定位，
蝴蝶的解析，能否捕获混沌的命运之线？
不可说转，是无法抵达的远。

在尺规之间，我步步谨守，
绕着一生走不出的圆。
每一步的微分，越来越接近月色的真相。
在方程两端，再多的平衡和相契，
都无法越过等式相见。

把天涯的风，纳入狂草的凌乱。
烟雨的缥缈中，一笔飘逸的回旋，
实和虚都是水墨笔法的显现。

看黎曼在宇宙的坐标中猜想，
空间是一幅留白太多的画，
时间是一首峰回路转的诗篇。

而我必须承认，
概率是唯一可识别的印鉴。

数学简史

简简单单的划痕和绳结，是人类跨进数学这个领域的第一步

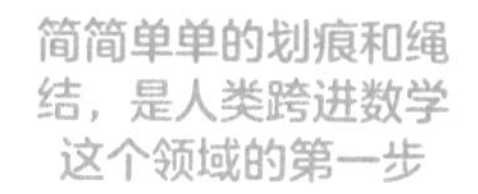

捷克狼骨
距今约 3 万年

伊塞伍德骨
距今约 2 万年的狒狒腿骨

古埃及数字，古巴比伦数字，中国的算筹

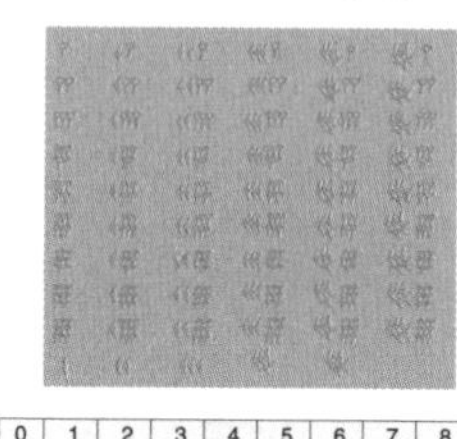

	0	1	2	3	4	5	6	7	8	9
纵式		𝍠	𝍡	𝍢	𝍣	𝍤	𝍥	𝍦	𝍧	𝍨
横式		𝍩	𝍪	𝍫	𝍬	𝍭	𝍮	𝍯	𝍰	𝍱

阿拉伯数字

起源于古印度

古印度婆罗米文中的数字		一	=	≡	+	𑁖	𑁗	𑁘	𑁙	𑁚
印度梵文中的数字	०	१	२	३	४	५	६	७	८	९
阿拉伯数字	٠	١	٢	٣	٤	٥	٦	٧	٨	٩
欧洲中世纪数字	0	1	2	3	4	5	6	7	8	9
现代数字	0	1	2	3	4	5	6	7	8	9

0 是所有数字中最重要的

古今中外大数“比拼”

极，不可说不可说转，googol，googolplex，葛立恒数，宇宙间的原子数；微，涅槃寂静，普朗克常数……

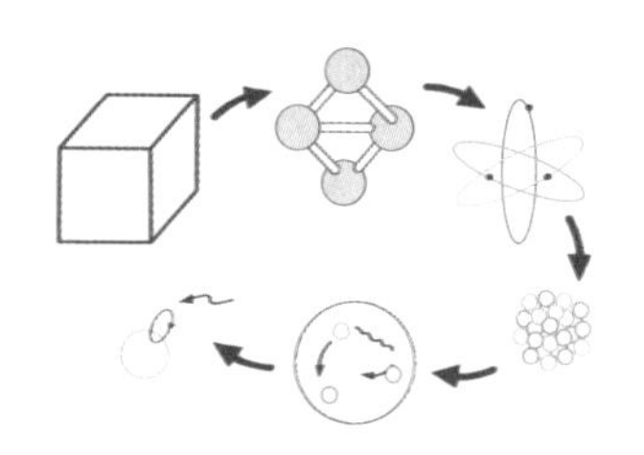

宇宙中超过“无量”的原子，都来自爆炸之前的奇点，那个比“涅槃寂静”还要小的时空点

毕达哥拉斯

（约前 570 —约前 500 年）

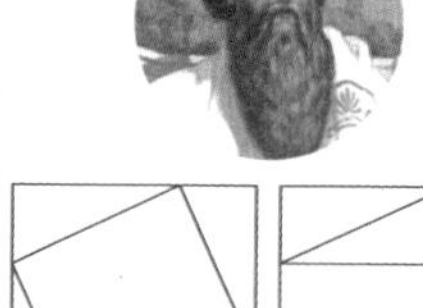

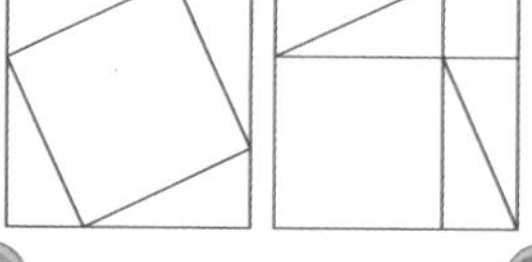

第一次数学危机

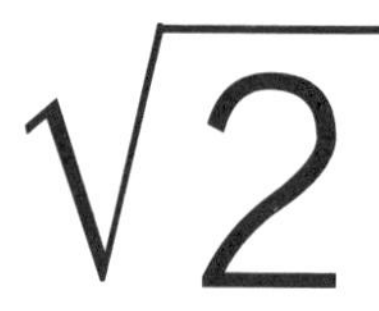

希帕索斯因为发现无理数而牺牲

《几何原本》

欧几里得
公元前 300 年左右，
开创了公理化的方法

圆周率

阿基米德
（前 287—前 212 年）

第一个计算出圆周率近似值的人
刘徽、祖冲之、鲁道夫都曾在圆周率的计算上领先

黄金分割

第一次数学描述是在欧几里得的《几何原本》中，近似值约为 1.618。达·芬奇把黄金分割应用到了绘画

斐波纳奇数列

1、1、2、3、5、8、13、21……
相邻两个斐波纳奇数的比值会逐渐趋于黄金分割的比值

代数

花剌子米
（约 780 —约 850 年）
南北朝时期的《孙子算经》

把乘除法运算转化成对数的加减法

纳皮尔 (1550 —1617 年)

解析几何

笛卡儿 (1596—1650 年)

微积分

莱布尼茨（1646—1716 年）
牛顿（1643—1727 年）

贝克莱（1685—1753 年）
无穷小悖论是第二次数学危机

“无穷小量”
是以 0 为极限的变量

柯西（1789 —1857 年）

e=2.718281845……

雅各布・伯努利（1654—1705 年）
欧拉 (1707—1783 年)

大数定律，中心极限定理，贝叶斯分析

实际上是我们认识这个世界的基础

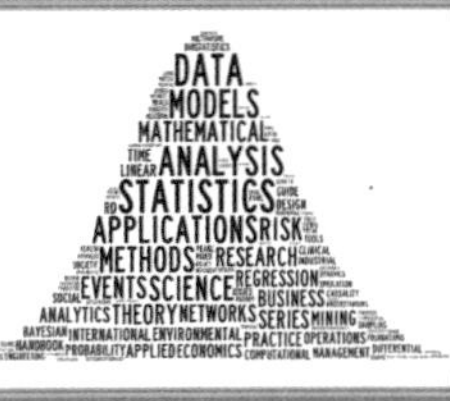

任何一个实数，都可以通过 90 度旋转，变成一个虚数

高斯 (1777—1855 年)

非欧几何

鲍耶（1802—1860 年）
罗巴切夫斯基（1792—1856 年）
黎曼（1826—1866 年）

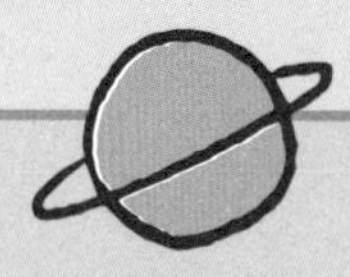

三万年的数学

篇章名	科学概念	涉及科学家或科学事件	对应课本
数的起源	数的起源	古人刻痕记事	小学一年级
位值计数	数位的概念	十进制、二进制等	小学至中学阶段
0 的来历	0	0 的由来	小学低阶
大数和小数	小数和大数	普朗克	小学中高年级
古代第一大数学门派	勾股定理	毕达哥拉斯	小学高年级
无理数的来历	无理数	毕达哥拉斯	小学高年级至中学
《几何原本》	平面几何	欧几里得的《几何原本》	初中
说不尽的圆之缘	圆周率 π	阿基米德，祖冲之	小学高年级至中学
黄金分割定律	黄金分割率	阿基米德，达·芬奇	初中
看懂代数	代数	鸡兔同笼，花剌子米	小学高年级至中学
对数的由来	对数	纳皮尔	初中
解析几何	解析几何，坐标系	笛卡儿	初中至高中
微积分	微积分	牛顿，莱布尼茨	初中到高中
无处不在的欧拉数	欧拉数	欧拉	初中到高中
概率统计“三大招”	概率论	高斯，贝叶斯	高中
虚数和复数	虚数、复数	高斯	初中到高中
非欧几何	非欧几何	黎曼	高中
从一到九	总结性章节	《几何原本》《九章算术》	

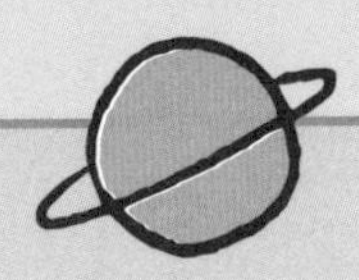

两千年的物理

篇章名	科学概念	涉及科学家或科学事件	对应课本
第一个测出地球周长的人	平面几何，天文学	埃拉托色尼	小学
最早提出日心说的科学家	岁差现象，月食	阿里斯塔克	中学物理
史上视力最好的天文学家	一年有多少天	喜斯帕恰	中学物理
裸奔的科学家	浮力定律，圆	阿基米德	小学至初中物理、数学
让地球转动的人	太阳系系统，日心说	托勒密、哥白尼	中学物理
行星运动三大定律	行星轨道	第谷、开普勒	中学物理
科学史上的三个“父亲”头衔	重力、惯性	伽利略	中学物理
苹果有没有砸到牛顿	牛顿三大定律	牛顿	小学高年级至中学
法拉第建立电磁学大厦	电磁感应	法拉第	中学物理
写出最美方程的人	麦克斯韦方程	麦克斯韦	中学物理
它和“熵”这种怪物有关	热力学	玻尔兹曼	中学物理、化学
爱因斯坦的想象力	光电效应，相对论	爱因斯坦	中学物理
关于光的百年大辩论	波粒二象性	光的干涉实验等	中学物理
史上最强科学豪门	“行星原子”模型	玻尔、普朗克	中学物理
量子论剑	量子力学	爱因斯坦、玻尔	中学物理
宇宙大爆炸	红移	哈勃	小学至中学
物理学五大“神兽”	总结性章节	奥伯斯、薛定谔	
来自星星的我们	总结性章节	物理和化学	

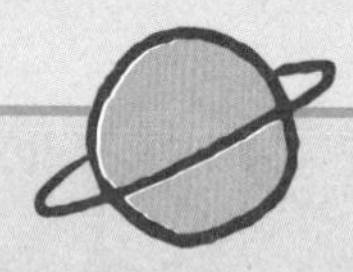

百年计算机

篇章名	科学概念	涉及科学家或科学事件	对应课本
语文老师和科学通才的第一之争	计算器	最早的计算器	小学科学课
编程的思想放光芒	打孔	打孔程序	初中物理
电子时代的传奇	电子管	最早的电脑	中学物理
两大天才：图灵和冯·诺伊曼	二进制	图灵和冯·诺伊曼	小学至中学数学
小小晶体管里面的小小恩怨	半导体材料	晶体管	中学物理
工程技术的魅力	集成电路	芯片制造	中学计算机
一顿关于逻辑的晚餐	与或非逻辑	布尔和辛顿	中学数学，计算机
语言的进阶	编程语言	c 语言	中学计算机
“大 BOSS”操作系统	操作系统	微软，Linux	小学至中学计算机
“1+1=”在电脑里的奇遇	电脑硬件	电脑运行过程	中学计算机
全世界的计算机联合起来	互联网	克莱洛克	小学至中学计算机
把计算机穿戴在身上	物联网	智能手表	中学计算机
神经网络知多少？	人工神经网路	麦卡洛克和皮茨	
从“深度学习”到“强化学习”	人工智能，深度学习	阿尔法狗	
仿造一个大脑	超级计算机	米德	
将大脑接上电脑	脑机结合	大脑网络	
“喵星人”眼中的量子计算机	量子计算机	量子霸权	
人工智能	总结性章节	阿西莫夫	